U0258778

# 好产品拼的是
# 共情力
## 站在用户角度去思考

Well-Designed
How to Use Empathy to
Create Products People Love

[美] 乔恩·科尔科 (Jon Kolko) 著
赵婷 译 顾思颖 校译

中信出版集团｜北京

**图书在版编目（CIP）数据**

好产品拼的是共情力 / (美) 乔恩·科尔科著；赵
婷译 . -- 北京：中信出版社 , 2019.7（2019.9 重印）

书名原文：Well-Designed：How to Use Empathy to
Create Products People Love

ISBN 978 - 7 - 5217 - 0649 - 9

Ⅰ . ①好⋯　Ⅱ . ①乔⋯ ②赵⋯　Ⅲ . ①产品设计
Ⅳ . ① TB 472

中国版本图书馆 CIP 数据核字 (2019) 第 099199 号

**好产品拼的是共情力**

著　　者：［美］乔恩·科尔科
译　　者：赵婷
校　　译：顾思颖
出版发行：中信出版集团股份有限公司
　　　　　（北京市朝阳区惠新东街甲4号富盛大厦2座　邮编　100029）
承　印　者：北京盛通印刷股份有限公司

开　　本：880mm×1230mm　1/32　　印　张：8　　　字　　数：150千字
版　　次：2019年7月第1版　　　　　　印　　次：2019年9月第2次印刷
京权图字：01-2014-6935　　　　　　　广告经营许可证：京朝工商广字第8087号
书　　号：ISBN 978-7-5217-0649-9
定　　价：59.00元

版权所有·侵权必究
如有印刷、装订问题，本公司负责调换。
服务热线：400-600-8099
投稿邮箱：author@citicpub.com

献给我的至爱和挚友——杰斯

## 引言：从设计思维到产品思维

**目 录**
CONTENTS

**01　产品的本质**

**02　产品—市场匹配**

**03  从发现需求到重构体验**

**04  为产品赋予灵魂**

## 05　简化核心功能，优化产品细节

## 06　推动产品发布

## 结论
### 产品人的共情力 233

# 引 言 从设计思维到产品思维 ▼

很难想象，没有 iPad 这样简单好用的电子产品，世界将会是什么样。但在短短几年前，录像机上闪烁的时间设定图标提醒着所有消费者，复杂的现代技术正不断渗入我们的家庭和生活。外部世界发生了迅速和彻底的改变，我们亦随之而变。生活在当今世界中，看起来我们好像都已经掌握了技术游戏的玩法，并且大概了解如何生产有吸引力、操作简单的产品，以应对技术进步带来的混乱。

但是，在看似简单的表象背后，我们这些生产产品和提供服务的人实质上置身于大型企业、咨询公司和初创公司阴暗、泥泞的战壕里，每天都被繁杂和混乱所困扰。大多数产品开发过程都索然无味，用的还是过时的思维方式。例如，"产品需求文档"（20世纪 80 年代遗留下来的一种工作文档模板）至今还出现在产品开发会议上，而这些会议似乎总是围绕功能特性、一致性和上市时机争论不休。现在的市场要求产品简洁易懂、功能强大，更重要的是用起来舒服。传统流程显然难以实现。此外，随着用户的预期不断提升，产品设计人员很容易就会被特征和规范的复杂性压得喘不过气。在这个日益复杂、压力倍增的世界上，生产出一款真正实用的产品已经很难，更不用说人们真正喜欢的产品了。

过去十年，为了应对这种焦虑和复杂，人们研究出了一些号称快速灵活的方法。这些方法摒弃了文案记录和线性流程，转向追求速度与结果，经营方式松散且精简，这样做据说是为了快速试错，更快成功。然而，这些方法杂乱无章，结果经常使用户拿到一些不成熟的产品。虽然我们都以更快、更频繁地发布产品为傲，但由于缺乏结构和流程，开发人员和运营人员通常会感到焦虑。"敏捷开发能不能行？感觉很不靠谱啊。"我们喃喃自语。在接受了这些新方法的文化环境里，这种现象就仿佛是一辆无人驾驶的公共汽车，正在飞速地行驶着。

现在来谈谈 Nest 公司。作为消费产品开发过程中经历巨大变化的公司代表，它能轻松且自信地生产出令人惊艳的产品。Nest 在可能最不令人兴奋的细分市场——加热和制冷领域，做出了重大的创新。其新型智能恒温器被描述为"性感"又"美丽"。CNET 网站上的一位评论家这样形容他的使用体验：令人惊喜的愉悦。在另一个传统行业——金融业，我们发现了一个支付应用程序 Square。它被称为"最简单流畅的支付方式之一"。《快公司》杂志称赞它是"集安全与趣味于一身的体验"。酒店行业中，

Airbnb（爱彼迎）以其简单、美观的服务产品，改变了酒店管理方法，也改变了我们对旅游的看法。

这些新产品已经在医疗保健、消费电子、财务管理和零售等领域广泛推出，并取得了大规模发展和商业上的成功。无数篇文章描述了苹果、耐克、捷蓝航空和星巴克的产品和服务带来的卓越的用户体验，并将这种体验与利润的增长联系在了一起。

小巧创新型的 Nest 公司，与其庞大的竞争对手霍尼韦尔（拥有 130 000 名员工）都可以使用相同的人才库、书籍、博客、资源来塑造自己的产品。那么，谷歌以 32 亿美元收购 Nest 的背后原因是什么？为什么 Nest 的产品能使消费者和评论家都使用"精美""惊艳""棒极了"和"革命性"这样的形容词？为什么这样的公司做起来显得那么容易，而我们其他人甚至连从容有效地推出一套最简单的功能都挣扎不已？

这些公司的独特之处在于，他们的产品是"设计过程"（design process）的结果，正是这一过程使其具有了前所未有的媒体吸引力和用户接纳度。像 Airbnb 这样的现代初创企业和捷蓝、星巴克这样的大公司已经证明，行业突破不在于增加功能或者促进消费，而是着重为使用产品及服务的客户提供深入、有意义的参与体验。要实现这种参与体验，就要设计拥有个性甚至灵魂的产品。这种产品感觉更像是亲密朋友，而不是被制造出来的工具。

# 理解产品的情感诉求

你可能以为设计关乎美学或实用性，也许你对设计很熟悉，因为它目前在你的组织中扮演了某种角色；通常，这角色没那么重要，还时常很模糊，由一些被视为"有创造力"的人士来担任。当设计师和开发者被要求参加头脑风暴时，他们的工作通常是设定好的：拿到一张规格表，然后被告知必须满足那些提出来的要求。我见过有才华的创作者们为这些要求而困惑，因为他们无法战略性地预见这些选择如何支持更大的商业决策。他们不明白为什么首先做出的是产品决策，并且质疑某些决定乃至整个战略方针的价值。

虽然设计有着通常意义上的审美内涵或使用便捷性，本书的一个重要目标却是，让你不再将设计理解成把东西变成某种特定的样子，而是把东西做好。在接下来的章节中我将阐述的设计过程以创新为导向，新的产品与服务能和人产生情感上的连接。这个过程以"共情"为中心，以自然环境中的真人研究为基础，生成关于人类行为的深入了解，并通过结构性的探索来充分利用这些见解。它反复迭代，利用视觉思维来探索未来的潜在可能性。它能认可和赞扬所有参与产品开发人员的创造力，而不仅仅是那些穿着黑色套头衫或者佩戴玳瑁框架眼镜的人。实际上，随着数字技术不断崛起，且更广泛地赋能各行各业，这种设计过程和思维方式适用于几乎所有创造产品和提供服务的人，而不仅仅是那些参与产品开发或品牌运营的人。

在上文提到过的一些公司中,"设计"一词并没有出现在职位名称和工艺宣言中。但当你探究这些公司的人究竟在做什么时,就会很清晰地看到他们正在使用与设计师相同的方法和技术,去全面深入地思考人类以及人类行为。在使用这种设计思维和流程的组织当中,产品拥有者与用户社群建立深入的共情,以挖掘有待解决的问题。为了解决那些会有情感诉求的问题,他们充分利用不同的思维方式,但通过共享的视觉工具,最终回归共同的愿景和目标。

以设计为中心的产品开发,核心是情感投入,即一个人在使用一件产品时的深层感觉。人们往往会将产品人格化,特别是数字产品。这种倾向与日俱增。人会赋予这些产品人类的性格,有感情地和它们相处。要理解这种情感诉求并为之设计,至关重要的不仅仅是理解人,还需要真正地和他人建立共情,设身处地地感受他们的感受。

怎样才能获得如此真切的共情呢?唯一的方法就是花时间与人相处,和他们建立私人和亲密的关系,在此基础上了解他们,尽你所能去看到他们所看到的,体验他们所体验到的。这种共情的方法是专为生成"洞察"而设计的,"洞察"的定义是对人类行为的假设和猜想,但又被视为明确的真理。这些洞察是创新的关键。本书中所描述的清晰、灵活的设计流程,为洞察受人喜爱的产品提供了源源不竭的动力。

简而言之，在这本书中，你会学到如何在产品管理中应用强大、可重复的设计过程；使用得当的话，这个过程会生成关于人的关键洞察，并将这些洞察转化成有意义的产品。

以下是这个设计过程的四个要素：

- 通过搜索用户社群，来确定产品—市场匹配程度。
- 通过开展人群研究，来深入了解人的行为。
- 通过将复杂的研究数据提炼成简单的洞察，来初拟产品战略。
- 通过视觉表现简化复杂概念，打磨产品细节。

这是一个端到端的过程，其中包含具体的、行之有效的方法和技术。后续章节中提供了具有指导性的案例和课程，以及对世界知名产品和服务的产品经理的采访，你会学到如何通过打造和使用设计过程来开发自己的产品。具体来说，你会学到：

- "共情"是打造有意义的产品的关键，且共情可以教授和学习。
- 如何攻克人类的复杂性和开展定性研究，以实现新产品的简洁性。
- 一个产品的个性，是其成功的关键，可以通过一个严谨的思维过程来打造。

- 如何建构视觉表征，将未来的愿景传达给少数的共同
  创始人或众多的利益相关者。

## 提升共情力的核心步骤

本书主要围绕设计主导的产品开发过程，描述了从概念生成到产品落地的整个过程。以下是本书各章内容的简要梳理。

在第一章中，我将设计描述为一个在自然环境中与真人产生深刻共情的过程。这个过程会生成对人类行为有意义的洞察，并利用这些洞察再驱动一个创造性的探索过程。

在第二章中，我将产品—市场匹配定义为用户社群与产品的关系。我会向你展示几个框架，让你思考社群对你的产品的情感需求，以及如何探索设计主导的市场情境。你将学到如何从用户社群收集信号，重点关注他们群体互动的方式，以及群体作为一个整体的行为模式。

在第三章中，你将学到如何从与人的互动中获得行为洞察。我介绍了一种开展人群研究的方法，并展示了如何观察到能反映用户隐含需要、需求以及渴望的行为，从而与他们产生共情。我还描述了如何使用综合分析法（synthesis and interpretation）从这种行为中提取意义。你会看到这个严谨的过程如何促进核心行为洞察的发展。这些洞察是对人类行为真相的挑战性陈述，能成为

产品创新和设计背后的驱动力。

一旦获得了对人类行为的洞察，就可以开始将这些洞察转化为设计战略的框架。设计战略就是一种讲故事的形式，强调产品采取的独特立场。在第四章，你将学习如何迭代情感探索过程，从而使自己的产品独具个性。

在第五章，我转向产品愿景，描述各种塑造产品的技术以及掌控微妙的情感细节的方法，包括模拟产品互动，绘制界面间的主要路径，开发支持特定情感目标的视觉美学，以及最重要的，帮助开发团队看到你的未来愿景。

最后，当你的产品被设计好之后，它还需要被制作出来。在第六章中，我阐明了设计如何促进这项任务，尤其是促进工程活动的开展。其目的在于在正确的时间发布产品正确的部分，并确保我所描述的情感完整性得以维持。这意味着要鼓励开发人员朝着愿景努力，并为他们提供通往成功的方向指引或产品路线图。

这本书是围绕过程展开的，最终实现实用的目的——帮助你构思、设计和生产更好的产品。此外，书中也提出了三个重要论点：第一，设计师可以成为优秀的产品领导者，产品领导者应该具有以设计为中心的敏感性。第二，非设计师可以轻松运用这种设计过程和思维方法，并且随着数字技术的普及，更多的人和公司会需要运用这些方法。第三，产品管理的设计方法能最有效地促进产品与市场的匹配和明确行为洞察。

这本书适合谁？如果你已经是一名有经验的设计师或产品开

发人员，你将学到如何将现有的技能运用到新的环境和框架中。这将帮助你获得更高的效率和更清晰的技能知识，提高把控力和生产力，从而赢得更广泛的战略影响力和更丰厚的回报。

如果你带着市场营销或品牌运营等不同的背景走进产品管理，你将学习到如何充分利用设计师的立场、方法和流程，及其对于实现产品—市场匹配所具有的巨大价值。同时，你将学习如何从独特的设计视角来看待产品决策，提出并回答"特定的决策会对使用产品的人产生什么积极影响？"此外，你还将了解到实施一个产品战略的新方法和流程，以此达成产品目标。

最重要的是，我希望这本书对你来说不仅饱含思想，更易于操作。期待你把书中讲到的这个过程应用到自己的工作当中，创造出人们喜爱且设计精美的产品。

# 01

产品的本质

晚上 9 时 45 分，乔·麦奎坐在地铁上。他闭着眼睛，想着之前与新老板长达两个小时的谈话。他将要从老东家离职，并且刚刚决定加入一家个人保健类的初创公司。

这是一个不错的机会，但是尽管乔还没有正式上班，就已经感受到了巨大压力。他即将加入的公司资金充足，却在过去六个月里走进了死胡同，随后经历了一系列整改和裁员。为了将公司导入正确的方向，管理团队进行了重新调整，只留下四个人，并且寻求一个外部人员来负责产品开发。乔就是他们找的那个人。

乔的背景很独特。他在大学里学过一些工程技术，却总是对与人有关的事物（而非机器）感兴趣。他上一个职位是《财富》500 强里一家金融公司的资深交互设计师。他是第一个承认自己目前没有任何关于保健的创新想法的求职者。但是面试进行得很顺利，他和团队成员一拍即合。团队成员相信乔提出的方法以及他的能力。明天乔就将成为初创公司 LiveWell 的首席产品官。

# 重新定义产品

乔将成为产品团队的领导，慢慢进入他的新角色，迎接产品领先战略的挑战，我们会追随他的一举一动。但是在此之前，我们先试着理解究竟什么是产品。

看一看你身边的物品。在阅读本书的时候，你或许正在长途飞行中。坐在不舒适的座椅上，旁边的扶手隔开你和你的邻座，面前椅背口袋里还塞了一个塑料瓶。又或许你正窝在家里舒服的沙发上，旁边大小适中的台灯亮着，手里捧着一个高脚杯。沙发、灯、不舒服的飞机座椅、扶手、水瓶，甚至包括飞机本身，都是产品。这些产品都是人们设想、构思、生产并销售出去的，每件物品都传递着一些价值——实用性、情感共鸣，或者旧时的回忆。

也许这盏灯是你的祖母留给你的，每次点亮它，都会勾起你对她的怀念。也许你只是图便宜，随手在塔吉特商店买了它。商店经理乐于看见它能让你愉快地回想起在塔吉特的购物经历，但这盏灯很可能只发挥了照明的功能。很有可能你正在电子设备上阅读本书，比如手机或者电子书阅读器。产品的概念已经变得越来越令人困惑了。

就像灯一样，手机也是个实物。也许你买了它，它提供了效用和价值。然而，手机的物理外观越来越不重要，它仅仅是数码产品的一个载体。你的祖母不大可能传给你一部手机，而你就更不会在每次开机时想起她来，除非手机壁纸是她的照片。实际上，你或许都没有为手机本身花钱。可能你从手机公司免费获得了它，之后也没有再多想。

如果你没有花钱购买手机，对实物本身也没有情感寄托，那么你对这个物理设备的所有权就微不足道了。如果你弄丢了手机，相比于机身上的塑料、金属和玻璃，你可能更担心里面存储的数码照片、电子邮件和电子书。在数字世界里，数据是最重要的。产品的概念也因此变得神秘和抽象了。

如果手机本身不是产品，那什么才是？这里"产品"指的是你用来看照片或电子邮件的应用软件。苹果的 iOS 系统是一个产品，但是你祖母不可能把这个传给你，你也就不会充满感情地对待它（真的会有人"爱上"自己手机的操作系统吗？）。手机软件可以分为更小的应用程序，它们只有在你使用的时候，才能创造价值。在数字微观层面上，你可以感受到一些类似于情感的东西，因为这些应用程序能够帮助你达成特定的目标。当你给好友发的一张猫得意扬扬地坐在纸盒里的照片"点赞"时，你就与 Facebook（脸谱网）的手机产品发生了互动。你的目的是情感性的（联络朋友、获得乐趣），或者出于无聊（消磨时间）。Facebook 的产品就是为了帮你达成这些目标而设计的。它也能帮你达成其他一些甚至连你都毫无察觉的目标，比如接收公司的定向广告。真该感谢 Facebook！

同样，你也可以这样理解网络。它是由一些能够帮你达成目标的产品组成的。像谷歌这样的大公司，另一种方式是把它理解成一系列应用程序，比如邮件、日历、联系人或群组等等。其中每个应用程序都是一个独立产品，都会有其对应的产品经理。从Reddit（红迪网）到《纽约时报》，你可以将数字商品理解为产品，如果你探究得足够深入，就能找到每个产品背后负责构思和执行的人。

## 产品人的基本素养

产品经理负责一件产品，这意味着他们要制定目标，构建产品，然后考量产品是否成功地达成了这些目标。在类似耐用品这样的领域，产品管理通常是一种市场营销活动。

例如，吉列的产品经理可能负责锋速3这个品牌，也可被称为品牌经理。他们会去寻找市场机会（"其他公司推出了有三个刀片的剃须刀！"），将之转化成为一系列产品特征（"我们的剃须刀需要更多刀片！"），与其他部门合作生产产品（"我可以从哪里采购更多的刀片？"），然后跟踪产品的市场表现。他们要负责确定产品的目标市场、成本、出售地点等。

在充斥着实体商品以及数字产品的市场环境中，产品管理就是一个实现产品问世、达成产品目标和维持产品成功的过程。它不同于项目管理。项目管理一般是关于在某个日期前达成指标或保持不超预算的能力，与内容无关。除此之外，产品管理也不是产品宣传；产品宣传关心的是如何让用户了解到该产品的存在。

产品经理其实是内容专家，密切关注产品有什么功能和如何实现。并不是说他们是实际的产品制造者。在吉列的例子里，塑料工程师开发手柄的形状，化学家研制最新款剃须刀数百个刀片上的润滑剂配方。对于软件产品，工程师们通过编写代码来开发软件。产品经理负责阐明产品的愿景，并且确保实际构建产品的人为这个愿景而工作。

这个愿景关乎人和市场。产品管理是确保产品、人和市场三者之间的相互匹配。

产品与市场之间的匹配取决于竞品与产品配件之间的关系，取决于产品定价和市场营销战略，还取决于产品构建、分发和维护的技术可行性。产品—市场匹配通常提供对世界的宏观看法，帮助你思考有关概念和战略。它关乎理解用户大体上需要什么，以及市场一般能接纳什么。产品—市场匹配还与地理区域、时间、成本和执行等情境相关。

产品与人之间的匹配取决于产品所包含的功能，产品使用过程中所引发的情感，产品的样式，不同产品搭配使用的便捷性，以及产品帮助人们达成目标（包括实用性和愿望）的能力。这种匹配往往采取微观视角去看待世界，帮助你觉察细节、采取行动。它关乎理解人们具体想要什么、需要什么和渴望什么。

# 什么是设计中的共情思维?

传统的产品开发思维方法强调关注外部市场,关注当前的竞争。市场营销活动无疑就是基于这种理念的实践。这些活动包括市场细分、电子邮件营销、广告、焦点小组访谈、购买分析、竞品发布等等。

随着互联网的出现,产品管理有了新的指导理念:工程学。高度依赖工程技术的公司,像微软或谷歌,通常会任用有能力的技术人员来负责产品以及产品战略。工程学在产品管理上的运用强调关注内在的技术,注重思考团队可以在产品中构建哪些独特的功能和性质。这种技术方法并不会忽视市场营销活动,只是从工程学的角度去看市场,并将工程活动放在了一个更为优先的位置。这些活动一般包含需求定义、优质代码编写、公共应用程序接口(APIs)建立、优化、质量保证、功能点开发以及算法等。

第三种产品管理方法则立足于设计。"设计"一词通常被用来描述家具的工艺、海报的美感、实体产品的样式,比如烤箱或汽车。以前,设计师只管把东西做得好看。正因如此,很多年来设计师们感觉自己所做的贡献很肤浅,仿佛只有在产品快要完成的时候才会被叫去给产品"做个样子"。而现在的设计追求的不仅仅是美感。设计师将"设计学"描述为解决问题的学科之一,并把设计看作理解复杂情况和使科技人性化的必要过程。设计过程一般是以用户为中心的,而非以市场或技术为中心,也就是说,它旨在帮助人们完成目标，达成所愿。

近些年来，这个过程被称为设计思维，因为设计师思考问题的方式可以被看作一种不同的思考世界的方式。设计思维与分析思维并行不悖。设计师学会有目的地采用基于直觉或推理的逻辑跳跃，并学会用速写和绘画来解决问题。因此本书中，设计和设计思维两个术语会交替使用，都指的是运用"设计"的方法来解决问题。

许多大企业已经采用了设计思维，因为这是一个能驱动创新、帮助公司避免商品化威胁的过程。在复杂的服务语境中，设计也会被谈及，因为它有助于管理组织变革，提升关键服务（例如医疗保健），甚至以新的方式检验现有的政府政策。

设计可以被有效地运用于产品管理已经不足为奇了。有设计背景的产品经理追求的产品战略通常是以用户为中心的。他们做决策时，主要是为了支持会使用这个产品的人，而不是商业驱动或技术进步。这并不是说应用了设计思维的产品管理就不重视技术或商业现实，只是说优先考虑的是人，而非商业或者工程，然后从这个角度出发去解决矛盾，按照优先级来做决策。

试想一下这一立场在一个典型的由技术人员、市场营销人员和产品经理组成的会议上是怎么发挥作用的。

*市场营销人员：我们准备明天打出一系列网页横幅广告来推广新产品。准备好发布产品了吗？*

技术人员：产品的特性已经开发完成了，还需要一周时间来解决一些可用性问题。但是日程显示接下来我要尽快推进新功能的开发。也许可用性问题得搁置一会儿。并且，我觉得网页横幅广告烂透了。

市场营销人员（压低嗓门）：不，是你烂透了。

当然，这个例子过于简单化了。但它反映了产品经理必须解决，而且必须经常去解决的一种矛盾。他可以优先考虑产品用户，而不是内部日程或者计划好的营销工作，推迟产品的发布，专注于解决可用性问题。如果他采取这一行动，那么他将要处理的是延迟发布带来的负面影响。

或者，产品经理可以把开发资源的进度安排和营销工作的优先级提至产品用户之前，推迟可用性调整并发布产品。如果他采取这一行动，那么他将要面对的就是产品中可用性问题带来的后果。

产品经理需要不断面对此类状况，涉及资源、成本、进度、质量和功能等方方面面。但很少会有这里提及的二选一的情况，因为这些决策是高度依赖情境的。而应用设计思维的产品管理会使做决策变得容易一些，因为它提供了一种分析和考量决策的一贯的角度。

设计是一种用户至上的产品管理思维方法，所以这位经理在做决策时优先考虑的是使用软件的人，尽管因此要面对延迟发布的后果。比起能按时发布或者交付功能丰富的产品，他更加重视提供用起来尽量简便的产品。他还终止了会议，以免对横幅广告价值的戏谑恶化成拳脚相向。

应用设计思维的产品管理关注目标和情感。试想一下，假如你就是例子中的那个产品经理。你决定推迟发布，现在你必须面对随之而来的后果。延迟通常会引发多米诺骨牌效应。它可能会损害其他人的资源需求，也可能会引发财务问题。从意识形态角度做出产品决策，不是勇敢就是愚蠢，所以我想仔细描述一下什么是设计思维的产品管理。它既不是意识形态，也不是教条。现实生活中，产品决策通常是复杂的，并且经常要求折中思考。但设计思维的产品管理，总体上来说优先考虑的是用户，其次是技术或营销，这位产品经理会经常发现他扮演了人们的需要、需求和渴望的拥护者。

在一个大型组织中，这种方法经常代表小众意见，可能还有点单调。延迟发布在任何公司都会引起轩然大波，这些风波可能会被认为是那些团队外部人员或者不懂"上市时机"的商业价值的人所带来的麻烦。组织中的业务部门总是强调一种狭隘的观点：只关注你自己的产品就好，埋头工作，让我们先完成下个季度的赢利任务再说。

当一件数字产品是一家公司软件产品组合的一部分时，例如你手机上的应用程序或谷歌大规模基础设施的各个部分，设计思维的产品管理的重要性就凸显出来。原因很简单，人们的目标自然而然地与组合中的一些产品产生交叉。谷仓式的产品管理方法可能在组织上容易维持，却会给用户的生活带来许多不便。

例如，谷歌的电子邮件产品 Gmail 就可以被看成一个独立的"谷仓"产品。它的功能数量有限且易于管理，因此一定数量的开发人员就可以构建出来。不仅如此，团队也可以从产品本身的目标中获得激励，甚至可以从本地业务部门层面来跟踪盈亏情况。

但是 Gmail 用户不会在一个"谷仓"中使用它，他们不会把收发电子邮件当成一项独立于联系人管理、地址获取以及会议预约的活动。大部分人甚至不把 Gmail 看成一种产品。反而他们认为，他们需要通过行动来实现目标。例如，"我想和你谈一些重要的事情，但是我怕你会吓到，所以想找个公共场合，在咖啡馆见面比较好"。或者，"我想要知道大家什么时候有空，我们组织一场电话会议，因为电话会议真的太有趣了"。

在上述情况中，发送电子邮件是达成目标的一部分活动。另一部分是查日历。还有一部分是找到咖啡馆地址，然后是规划路线。这些活动横跨了多种产品。谷歌组织结构很随意，应该不会对一个人轻松达成目标的能力有太大影响。设计思维的产品管理体现了一种宽泛的理念，在产品建构的各个方面支持用户。这通常意味着做一些组织起来很困难的事情，比如让谷歌的地图团队与电子邮件团队好好交流。但这也可能意味着尽管有矛盾的激励结构和收入报告模型，也要促进组织上的协同。

设计思维的产品管理还有其他一些独到之处。设计师通常会乐观地看待未来，而对为了发展技术而发展技术持怀疑态度，习惯使用一种能同步迭代、发散和综合的流程。设计师学会相信他们自己敏锐的直觉，从不完整的数据出发，接受推动创新过程中潜在的风险，并使用视觉工件作为他们主要的交流机制。也许他们不能帮你装饰房子，但他们同样喜欢把东西做得好看。

## 视觉化地、有创意地、乐观地以及直觉地思考

设计是为了把技术人性化，或者设法让技术融入我们的文化肌理。早期的设计师力图把消费类电子产品的内部结构装进塑料外壳中，以此将科技隐藏起来。但技术进步的普及已经让数字化渗入到各个方面，小至汤罐，大至航空旅行。因此，把技术隐藏起来已不再是一个现实的目标。在许多方面，技术会自己隐藏，因为它是如此普遍。

当今的设计师努力将技术恰到好处地融入人与人的互动当中。把设计带入产品管理中，你会发现自己很自然地会对把技术进步作为目的这一观点持怀疑态度，也不赞同所谓为了酷而酷。相反，你必须把技术看作一种向着更大的目标前进的手段，那个更大的目标就是帮助人们达成他们的目的，实现他们的愿望和梦想。

设计过程是视觉化的，通过视觉工具来沟通过程、想法和解决方案。利用视觉思维，可以玩转各种想法，并在过程中不断优化这些想法。设计师使用白板、素描、漫画和图表来传达他们的想法。视觉化是一种手段，可以用于实践想法，一次性探索多样的可能，预见事物可能的样子，以及向每一个人乐观地描述未来。当你把设计思维带入产品管理，视觉思维就成了一种化创意为现

实的方法。

设计对未来所持的乐观态度，在于它假定有无数种改善状况的方法。对于一种状况，设计师不会仅试图给出一种最好的解决办法，而是力图发掘状况的改善空间，看到诸多改进的潜能，并且始终考虑可能的结果。这种方法的一大特点就是整合思维（ integrative thinking ）。

多伦多大学罗特曼管理学院院长罗杰·马丁解释说，这种思维方法在行业领导者之间很普遍："过去 6 年里，我采访了超过 50 位领导者，有的采访时间长达 8 个小时。结果发现他们之中大部分人都有一些不同寻常的特质：他们倾向于并且有能力在脑海里同时产生两种对立的观点。而且，他们不会慌张，也不会简单地任选其一，他们能够创造性地解决两者之间的矛盾，那就是生成一个新的观点，既包含两者的要素，又比任一单个观点高明许多。"当你把设计思维带入产品管理，就会更加游刃有余地处理各种想法，并且将这种整合思维引入工作当中的能力会越来越强。

设计师构思的是还不存在的东西，因此这个过程只有在成为现实之后才能被分析和证实。这意味着他们必须做出直觉或推理性的跨越。从战略上来说，这是一种解读方式，即将无形的愿望和需求转变成具体有形的解决方案。设计师学着从刚刚够用的数据出发，向前推进，但即使是最明智的直觉偶尔也会出错。也许他们会努力减少推理错误，但设计就是一种必须接受创新风险的过程。创新风险指的是新产品、系统或服务失败的可能性。风险越大，回报越大。同理，创新风险越大，失败的负面影响也越深远。

历经 18 个月的高成本开发，苹果公司的 Power Mac G4 型号电脑于 2000 年问世。它具有设计独特的方形外观，但生产成本高昂。问世仅一年，这款电脑就停产了，仅仅完成了 15 万台的销售量。史蒂夫·乔布斯把失败的原因归结为缺少受众："令我们失望的是，市场并没有我们想的那样大。"

缺少受众是产品管理上的失误。了解创新的潜在市场的责任完全落在产品经理的肩膀上。在产品推出之前乔布斯也不知道人们是否会购买。作为产品经理和创新者，他接受了创新所带来的风险，也准备好收获成功的果实，同时意识到失败的可能性。当你将设计思维带入产品管理，你会发现自己正冒着更大的风险，并且更加相信你的直觉，因为这种直觉是你与那些你希望帮助的人之间的共情塑造而成的。尽管不能避免失败，但你承受的风险越大，你就会获得越显著的成功。

## 将共情思维带入产品管理

产品管理有一个思想流派，即"精益管理"，它规定要开发"最小化可行性产品"（MVP），要求团队尽快生产出产品，然后交由真人进行测试评估并做出改进。据称，这是采用科学的方法来开发产品：措辞、视觉效果和战略是主观的，但使用是客观的，可以被测量。一旦发布一件产品，团队就可以对使用模式进行分析，然后根据使用情况进行迭代，再驱动一个失败可能性很小的客观过程。

虽然这一科学过程可能会成功地逐步改进产品，但很少能产生跨越式的创新。使用设计过程，你会遵循一条完全不同的路径。这种路径从根本上与精益产品开发的科学测量思路截然相反。最小化可行性产品和精益开发追求的是速度，而设计的过程是缓慢的，不仅仅是因为它需要更长的时间，更因为设计是需要深思熟虑和条分缕析的，它鼓励缓慢地探索和想象。这些都不是高效率的特质，因此设计是不讲求效率的。但是本书中所描述的设计过程是严谨的、有条理的和高度组织化的（见表 1-1）。

这个过程也极具文化、个人和情感气息。它鼓励偏好，但前提是你得有想法。它不是分析性或经验性的。因此如果你从一个分析的角度来看待它，试图通过测量来把控它，你会很失望。

### 表 1-1　产品开发过程转换

| 传统的产品开发过程 | 松散和简洁的过程 | 设计过程 |
| --- | --- | --- |
| 关注市场看上去需要什么 | 关注人们说什么 | 关注人们做什么 |
| 通过去除离群值并回归"平均"视角，力求将偏好（和风险）最小化 | 通过尽可能频繁的测试，力求将偏好（和风险）最小化 | 接纳离群值和隐含风险，鼓励反常规 |
| 将技术和功能进步作为目的本身 | 积极地把技术进步看作敏捷思维和快速测试的媒介 | 持怀疑态度看待技术进步，将其作为一种手段而非目的 |

（续表）

| 传统的产品开发过程 | 松散和简洁的过程 | 设计过程 |
| --- | --- | --- |
| 倾向于出现在高度分析性的文化里 | 倾向于出现在高度分析性的文化里 | 倾向于出现在高度视觉化的文化里 |
| 试图预测市场行为 | 试图测试市场行为 | 试图带动市场行为 |
| 用实用性来定义价值——一件新产品或服务能做什么 | 用实用性来定义价值——一件新产品或服务能做什么 | 用情感来定义价值——一件新产品或服务让人们感受到什么 |

设计极具效率。作为一种研究过程，它能快速地理解和感受人们的需要、需求和渴望。作为一个生产过程，它能高效地创造出美观且有用的物品、系统和服务。我曾把本书中所呈现的方法和技巧传授给《财富》500 强企业的管理者，产品、军队、政府的顾问，以及刚毕业的大学生。他们都惊叹于这个过程的自然性，并且对其塑造创新且吸引人的产品的强大能力感到不可思议。

我在本书中所描述的技术和流程主要用于数字产品生产，但是这些方法对于非数字产品同样适用。实际上，你可以将这些方法运用到服务环境、组织架构、政策挑战，以及其他任何需要应对复杂的社会进步和技术变革的情境中。我的一个同事使用了这些技术，帮助军方找到了替代方法来处理队伍中的性虐待问题。另一位同事最近用这个过程，与联合国儿童基金会一起在农村地区推广"最后一英里"卫生保健服务。

我在写这本书时，《哈佛商业评论》出版社的编辑告诉我说："我通读书稿时，也有一个有趣的发现，我做了这么久的图书选稿编辑，其实也是产品经理。我尝试甄别潜在市场，明确个人、情感以及智力因素对未来图书项目的影响。每签下一本书，我都努力让我的团队对书的前景感到兴奋。我与作者共同打造这个'产品'，团队和作者一起认真考量书的市场以及如何达成目标。我们推出'产品'，然后仔细观察用户的反馈。"该过程广泛适用于各个行业以及各种文化，并且愈加重要，因为越来越多的工作需要掌控一个模糊的创作过程。

把设计思维带入产品管理，你会发现人们想要、需要和渴望什么，然后生产出能够帮助或取悦他们的产品。这种方法之于产品管理，就是寻找精神与灵魂，把设计引入过程中，你会体验到情感共鸣的新境界，并与产品使用者产生独特的联系。

# 对话 Airbnb 首席产品官：如何获取
# 有共情的产品创意

## 关 于 创 造 性 角 色 和 直 觉

乔·吉比亚是 Airbnb 的首席产品设计师，他定义了 Airbnb 的使用体验。他致力于通过敏锐、直观的设计来创造轻松愉悦的用户体验，然后绘制产品路线图来实现它。吉比亚重视能够简化生活且对环境有积极影响的产品，并确保公司恪守这些原则。

🔊 **乔，一名画家是如何转行去运营年度最热门的初创企业之一的呢？**

我大学读的是艺术学院，刚到那儿时，发现有个专业叫工业设计。以前我从没有想过我们生活中的物品都是人设计出来的。这激起了我强烈的好奇心。我对自己说："我更愿意用创造力来解决问题，改善人们的生活，而不是用来改善艺术世界的状态。"于是我放弃了绘画，转而学习工业设计。在学习过程中，我开始了解一些能够设计出真正解决人们问题的产品的最佳实践和途径。我想起了罗得岛设计学院前校长前田约翰（John Maeda）的一句话："艺术提出问题，设计回答问题。"我内心一直对利用创造力改善人们生活这个问题怀有浓厚的兴趣。

毕业后，我的第一个项目是一种消费品——一款名叫"Critbuns"的坐垫。它的灵感来源于学校里非常难挨的设计评论课。它是一个泡沫坐垫，你可以坐在它上面上评论课。总体目标是将想法从我的速写本上转移到商店货架上。这是一次真实的演练，探索了速写本和商店之间神秘的距离。

我实现了那个目标，让 Critbuns 一路卖到了纽约现代美术馆文创用品商店。这是我第一次创业，给予我各种有关产品开发的经验教训。学习产品开发、了解设计与产品管理差异的最好方式就是亲自上手做。你会真切地感受到创意方和"出货"方之间的紧张关系。在某些时候，你必须有所妥协，停止天马行空的想象，考虑生产、出货、编码、制造这些现实的事。这是了解这个过程实际包含什么的精彩一课。我当时并没有担当顾问，否则我的职责会结束，我的工作也会移交。我也不在一个大型组织中工作，在那种单位，我会被限制在过程中的某一部分，别人会接手继续下一个流程，而我永远不能再看到它。要了解产品是什么，最快的方法就是亲自动手操办一切。在我的职业生涯早期，这是很好的一课。

工业设计有个问题，我称之为设计师的罪恶感。在某一刻，你会意识到你正在设计的东西最终会被制造出来。而这些东西终将走向垃圾填埋场，因为消费类产品总会有寿终正寝的那一刻。我很早就意识到了。为此，我总有一种沉重的负罪感。一天、十年、一百年之后，东西总会被丢弃。这对设计师来说是一个巨大的冲击。现在你正在学习做东西，总有一天你会突然明白这一点。我开始思考：有什么办法可以应用设计，却不用制造出更多的东西呢？

这启发了我的第二次创业——在线帮助设计师获取可重复使用的材料。这是 2006 年的事，它带我走进了网络世界。因为网络，我发现了脱离实物的美妙之处。因为是网络服务，所以没有订单、生产和仓储这些事。公司的任务是在设计师与诸如再生塑料、再生木材或者有机棉等环保材料资源之间建立联系。我得以在虚拟的网络世界看到产品开发和设计过程。工业设计中一些重要的原则也被迁移到了网络中，比如实用性和共情。为了搞清楚在为谁设计，你必须设身处地地思考。这是我在罗得岛设计学院学到的。在学校时，我参与了一个医疗设计项目，为了理解这个问题的解决方法，我们分别去找病人、医生和护士谈话。我们去了医院，躺在病床上使用各种医疗设备时，我们就成了"病人"。"成为病人"的思想就体现了一个从工业设计转移到网络的原则。产品的形式并不重要，它可以是实物，也可以是服务或者应用。获得共情和真正解决他人问题的最佳方法就是，亲身经历和感受他人的生活。

在第二次创业过程中，钱花光了，我不得不想办法交房租。为了赚钱，我的室友买了一些充气床垫，并把它们外租给参加一个会议的人。渐渐地，我们有了更大的想法，而不仅是用它在周末赚点外快。于是现在我们有了 Airbnb。我的创业，由实体产品起家，包揽生产和运输，都是百分百由原子组成的物体。而最终我们不仅不生产任何实物，还启发了世界各地成千上万的房主重新规划他们现有的空间，使之具有更大的效益。我们正在更替世界上的低效率现象，开启新的经济模式。我们鼓励人们摆脱思维局限，把这个经济理论应用到其他行业，或者沿用到垂直领域，比如停车场、活动空间、办公空间的使用。如今，它被称为"共享经济"。

现在我就像在舒适的水里畅游，感觉棒极了。我们没有做出任何实物，但我们的服务对象享受到了更多的资源，还启发了相邻的行业思考："我们要怎样运用这些原则，并且更高效地利用我们手中的资源呢？"

🔊 **你把设计和产品描述成好像两件不同的事情。它们在 Airbnb 是独立的功能吗？**

Airbnb 创立之初，一间公寓里只有 3 个人，你只能亲自做。没有很多规划，只是在做。你也没有时间做大量的调研，有的只是制作和发布。你时刻关注着数字，看人们对你的产品有什么反应。你疯了一样地重复做着相同的事。当公司规模还很小的时候，这样也不难。

但随着公司规模越来越大，你就必须非常努力地把设计和开发紧密结合起来。总有惰性会把两者分隔开。把 Airbnb 的组织想象成两个相交的圆，中间重叠的部分占了圆圈的绝大部分，就是我们所说的产品团队。左边的圆圈代表工程技术，右边的圆圈代表设计，重叠部分就是产品。我们想尽可能划定出工程师和设计师以及产品管理之间的界限，但与此同时也强调我们是一个团队。你的专业是什么并不重要，因为我们在共同创建一种服务。到最后，用户不会去管谁做了什么事，哪些工程师参与了，等等。他们不在乎。他们想要的只是优质的服务。对我们来说，将这些圆圈尽可能紧密联系起来才是最重要的。它影响了我们如何布置办公室，如何组织会议，如何交往，如何共享信息和洞察。我们要尽可能地尝试共处，虽然这很难，因为随着团队的发展，人变得越来越专业化。人越是专业，事情就越容易分化。

### 🔊 为什么要有一个界定？

工程师要去做设计吗？设计师要去写代码吗？有一些观点提出设计师要会编写代码，能制作出他设计的东西。我不认同这种观点。我喜欢发掘那些极具激情的人，那些涉猎甚广但又精通某个领域的人。如果一个设计师学习编写代码，那么他就不是在做设计。我不明白学习编写代码如何能从长远上优化设计。我更愿意营造一种高度合作的文化，让设计专家和产品开发专家坐在一起，共同做一个项目，这样他们每个人都能发挥自己的长项。

### 🔊 当你的人手还很少，没有限定组织角色时，沟通对于产品的愿景可能不难，因为所有人都知道这个愿景。现在有了更大的团队和不同的组织结构，你要怎样来进行沟通呢？

沟通产品愿景的最好方式是讲故事。2013 年年初，我们做了个小测验。我要求产品团队的每个成员，包括工程师、设计师、生产者，把 2012 年他们最喜欢的客户留言用电子邮件的形式发给我。我让他们把他们联系最多的 Airbnb 的房东或房客的故事发给我，然后问他们："如果

2013 年你为我们的服务建构做出了贡献，那么到了 12 月你觉得你会收到什么样的电子邮件？"我让他们编一段未来的客户留言，要能体现出他们做出了有史以来最棒的编码或设计。如果他们做了迄今为止最好的工作，那么这就是他们会收到的那封电子邮件。

一个团队的励志故事具有惊人的力量。他们以非凡的想象力和洞察力深入我们所面临的问题，并且能够描绘出产品的方向。我们收集了所有的故事，把它们结集成册，然后发给整个团队。透过册子我们可以预见一些能共同创造的产品。我也参与其中，而我的故事印在了册子的第一章。

有两个人在 2013 年底把他们从客户那里收到的留言用电子邮件的形式发送给我。邮件内容与他们早在年初就写好的邮件出奇地相似。虽然不是一字不差，但所传递的信息与他们之前所想象的类似。产品愿景从我传达到产品团队，其沟通方式是不同的，因为对于每个人来说，这都是一个表达自我和被人倾听的机会。他们可以描绘他们的愿景。任何组织都有一个自上而下和自下而上的平衡。我不想建立独裁统治，站在山顶发号施令。你必须来回切换全局视角和内部视角，这样人们才会觉得拥有愿景。这是一种锻炼。

🔊 收到所有这些很棒的点子时，你是如何优先选择的？

我们特意聘请真正有创意的人，并且有各种各样的发展方向。所以我们有一条总体原则，就是"愿景主导，客户知晓"。作为一家公司，我们当然有关于产品未来走向的愿景，就像我们总是朝着北极星前进。但是我不能确切地告诉每一位员工如何到达那里，我也不想这样做。我更想要聘请聪明的人来帮助我们找出答案。一个愿景向外投射出来，我们处理它的方式是以寻求机会，而不是以寻求解决方案为导向。我们通过探讨机会来讨论我们去向何方。我们不说我们将在明年推出这样那样的功能，或期待它有这样那样的特点。相反，我们要阐明我们希望为未来使用该服务的用户打造出怎样一种体验。然后我们期待团队来接手余下的工作。

### 🔊 理想化的体验是通过数据还是集体直觉来驱动？

数据很重要，幸好我们有足够的数据。我们记录一切，并拥有所有你期望的大数据。我们有一个超级强大的分析团队帮助我们发掘数据。这些数据可以告诉你在网站上发生了什么。它可以告诉你有多少人点击了哪些东西，哪些没有点击，有多少人填完了表格或者没填表格，或者多少人完成了一个流程。但是数据不能回答问题产生的原因。可能你设计出这个完美的流程，并且让人在网站上完成这个流程，但有人可能会中途退出。数据可以全天候监测，但不能说明事情发生的原因。

研究和洞察自此走进了视野。我们进行定性研究，和房客、房主交谈，以便挖掘原因。我们让他们走完一个流程，然后告诉我们发生了什么。我们试图从人的层面，而非数据层面来理解使用时他们在想些什么、关注什么。我们努力去了解什么样的体验是他们所期待而我们还未能满足的。

如果你有了一个疯狂的新创意，你不能评估它。我很喜欢第一批广告人之一的乔治·罗伊斯在 Esquire（《时尚先生》）杂志上说过的一句话："伟大的想法不能被测试。只有平庸的想法才能被测试。"这句话总结了我对于试图衡量激进想法的感受。你就是不能。你不能通过数据来说明是否应该实践一个激进的想法。你只能先执行这个激进的想法，然后再来衡量它的成效。如果我们单纯根据数字来做决定，可能早就半途而废了。曾经有好几个月的数据告诉我别再继续下去了，去做点别的事，因为这个想法实现不了。所以我们不总是根据数字来做决定。

🔊 当数字告诉你要放弃时，你怎么知道要忽略它们，并相信自己的直觉？

我们有一段可供反思的经历。三张充气床垫和三位客人的真实故事激发了这一切。我们经历了一个典型的事例，知道那是什么感觉。因此，对于这个问题，我们颇有感触。我们用不同的方式理解这个问题，并且坚信，如果我们坚持下来，其他人就会看到我们所看到的。在分享空间和与本没有交集的人交往的过程中，人们会找到乐趣。我们有理由相信，如果人们看到了我们所看到的，体验到了我们所体验到的，他们也会爱上这些的。

对此我们有一个经典的故事。在生意惨淡的那几个月里，我们冒了一个险。房主贴出了他们公寓的照片，但是很模糊，有的是在夜间拍摄的，看上去绝对不是理想的留宿之地。我们说，我们来解决这个问题，去纽约，那里有 30 单生意，我们给房主们拍摄好照片，不收取任何费用。我们到了纽约后，见了一些房主，为他们的公寓拍摄了一些照片，不到一周，他们的收入翻了一番。我说的翻番是指从 200 美元翻到 400 美元。但那真的算很多了。几个月来，他们的收入都没有超过 200 美元。在公司面临倒闭之际，感谢上帝，我们抛弃了在技术世界必须用量化的办法做事的理念。

我们在早期试过量化，最终惨淡收场。在寻求产品—市场匹配的时候，量化是错误的方法。刚开始做事情的时候，你没有规模问题需要解决。所以为什么要去扩大规模？我们决定去帮忙拍照时，就改变了公司的命运。实际上我们开始懂了，因为那些照片帮助我们与房主互动。他们告诉我们遇到的服务上的问题，我们也学到了一些东西。我们学到东西，为他们提供服务，然后他们开始更多地使用这个服务。这就是为什么收入能够翻倍。之后的一个周末，我们又回来了，拍了更多的照片，收入再次翻番。我们这样坚持了 5 周，收入一周连一周地翻倍。回看报表时，我们觉得这很疯狂。

这就是转折点。通过做一些不能量化的事情，我们让公司起死回生。很酷的是，我们现在接下了拍照的业务，并扩大了它的规模——我们在旧金山有一个团队，管理来自全世界各大城市的 3 000 名签约摄影

移情设计

师。只需轻松点击一下，就能获得免费的专业照片。

🔊 **乔，如果你正和想从事你这一行的人谈论产品开发和建立一个服务**
**于人的企业，你会告诉他们什么？**

我会告诉他们去构建一些东西。没有比现在做东西更容易的时代了。
开发一个应用程序和网站再容易不过了。外部可用的资源十分庞大，
获得它们的成本也低得不能再低。我会鼓励他们做东西。把手弄得越
脏越好，投身于造物的体验中。代码、设计或者其他任何事情，尽管
去学，然后做出一些东西来，但并不是非要有 1 000 万人使用它。很
可能只有你的朋友或你自己使用它。重要的是你亲手做了，并且把东
西发布出去了。

# 02

## 产品 — 市场匹配

乔来 LiveWell 只有短短两个星期，但感觉像待了两年之久。领导团队郑重地宣布扭转业务方向。他们基本上已经同意从头再来，抛弃现有的所有市场战略，并删除了已经写好的上千行代码。如他们所言，他们指望乔能够明确新产品推出的过程。乔从来没有如此惶恐过，也从来没有感到如此有活力。

　　他带领团队开展了一系列强化练习，旨在了解保健市场，以确定新产品的开发空间。团队成员就像是生活在作战室里。此刻，乔心不在焉地把一个比萨盒从桌子上推下去，让桌面有更大的空间来绘图。他在描绘一幅可穿戴设备的市场图，所有这些设备都号称能够帮助人们跟踪他们的生物特征数据。团队成员之间的谈话集中在私人监测上，认为这是潜在的发展机遇。这听起来不错，但团队对是否能制造出实体产品存有疑虑。它能避免生产和销售耐用品的高额资本支出，并且能使用软件来解决问题吗？

　　乔有个远大的目标，那就是充分了解市场，为新产品辟出一块生存空间——一块机遇丛生，但没有太多竞争对手的空间。他更具体的目标是在一个方向上攒足信心，这样就可以走出大楼，和人们展开交谈了。乔相信，只需要再多一些市场故事，就可以制订出一个研究计划。现在的他正处在一个尴尬的位置，他想了解产品与市场的匹配程度，但他连产品都还没有。

在第一章中，我们讨论了设计过程如何关注人、为人服务。关注人的一种方式，是从整体上看，比如关注一个社群或人群类别。就消费品而言，我们可以把这一人群看作市场，并把乔的目标形容为"确保产品—市场匹配"。这描述了产品和模糊的"市场"概念之间的关系。这种复杂的想法包括了竞争对手、股东、供应商和产品或服务的分销商。它从实践而非理论出发，对经济进行概述，并描绘了融资者、消费者、广告商和销售商的情况。如果能够实现产品—市场匹配，你的产品将获得经济上的成功。判断成功的标准也是相对的。一种新产品仅仅凭着被早期用户使用，就实现了产品—市场匹配，而已存在的产品可能需要获得大规模赢利或赢得竞争来达到产品—市场匹配。

你会发现，我特意选择了"匹配"二字，而不是"销售"或"表现"等字眼。利润和收入固然重要，但产品与市场之间的关系远比销量更为复杂。这种匹配描述了市场对你所提供的产品的普遍反响，包括竞争性定位、协作关系，甚至采用的技术。

市场可能没有准备好去迎接某一种特定的产品。虽然产品的概念似乎很有价值，但整个社会可能缺乏支持该产品的文化和技术基础设施。例如，全球定位系统早在1973年就有了，针对个人消费者的全球定位系统装置也早在2000年就开始出售，但在苹果公司2007年将地图服务嵌入苹果手机之前，大多数用户并没有使用或了解这种技术的广泛且便捷的渠道。微波技术是在20世纪30年代末开发的，40年代后期开始商业化，但没有继续发展下去，直到50多年后，我们才给予该技术文化上的尊重，将其视作一种安全的烹饪方式。在历史上，类似情况一遍遍重演。一种技术会得到发展和完善，但它缺乏一个文化"容器"，因为无法理解，我们便忽略它。

反过来也一样。我们大致了解一项技术，并已经做好了使用的准备，但该技术可能没有准备好为我们所用。参考AT&T（美国电话电报公司）的U-verse，它是一种将数字电缆连接入户的产品。该产品依赖于一种特定的可供家庭使用的光纤电缆。铜线是将电缆连接入户的传统方式，使用也更为广泛；相比于铜线，光纤电缆比较少见，而且超出范围的用户就不走运了。因为即使用户愿意支付AT&T想收取的任何费用，在关键路径缩短之前，他都没办法使用该产品。这个问题通常被称为"最后一英里"问题：不在每个光纤节点和家庭之间铺设耗费大量资本的基础设施，公司如何提供数量庞大的最后一英里的连接服务，从而获得市场吸引力呢？

U-verse和其他线缆供应商就这个问题想出了一个迂回的解决方案。使用光纤把他们的高速服务连接至距离用户家庭5 000英尺①内的节点上，然后使用更便宜的铜线接通最后一英里，但是这样的话速度也会慢下来。如果只有少部分用户得到了较差的服务，公司可以简单地选择忽略他们。然而，如果实际的市场战略要求广泛地推广这种方法，市场一定会察觉并抱怨。在基础设施铺设之前，产品的市场匹配度较差，但这可能需要花上很多年，因为将光纤接入每户家庭需要非常密集的资本投资。产品—市场匹配是关于产品和所有市场约束之间的关系，其中也包括时机。

## 重新定义市场

想要建立产品—市场匹配，就要对"市场"的无形概念有所理解。市场是一个聚集了客户、用户、竞争对手、政策、法律和趋势的空间。假设你刚刚开发了一款新的苹果手机应用程序，你要把它投放至应用程序商店。推出的过程似乎很简单，只需上传应用程序。但再一想，你即将遇到的是：

- 社群，同时包含购买你产品的人和没有购买的人。也有人可能了解过你的产品或在用试用版，或者免费使用着你的产品。在所有这些情况下，社群的非付费成员凭借着数量和规模，掌控着你的声誉。即使你不把

① 1英尺约等于0.3米。——编者注

你的产品看作"社交产品"，它也会有一个用户社群，因为互联网早已建立起一个个社交平台，可以开展与任何产品相关的对话、讨论和培训。

- 消费者。社群就像是漏斗的顶部，代表了可能使用你产品的最大人数。而消费者，则是那些从你的应用程序中感知到足够的价值，并愿意花钱购买的人。他们的期望值很高，即便有时候花的钱不多。在一个经常免费提供数字应用程序的世界里，即便是几美元的花费也会带来对于质量、服务、响应性的期待，以及最重要的，对于价值的预期。消费者需要体验到产品所承诺的价值。简单来说，产品要像广告宣传的那样好。

- 竞争者，或者提供类似产品的公司。他们会考察你的产品，考量你破坏他们市场份额的可能性，并采取相应的行动——忽视你、盗用你的创意，或者更甚，彻底摧毁你销售产品的能力。

- 趋势，或者一段时间内的市场动向。你的产品可能是众多小数据点中的一个，汇聚起来促成一个更大的事件，如新法律的建立或竞争性的收购。

- 政策，或者以市场为导向的对产品人的约束。苹果的应用商店有一系列规定，限制了你在其店面的产品销售。其中有一些是可以预见的，如针对淫秽或色情内容的规定。而其他的一些却又模糊又出乎意料。例如，"规定 2.12"指出"不是很有用或不能提供持久娱乐价值的应用程序可能会被拒绝"。这为苹果提供了强劲的主观政策掌控力，来限制你上市产品的能力。

- 法律，或政府主导的对你产品的约束。你的产品可能是违法的，或者它可能需要一个政府机构的具体评估和批准。这些约束可能会限制你快速响应市场的能力，或者它们可能会彻底摧毁你发布产品的能力。

实现产品—市场匹配意味着在推出产品时综合考虑所有方面。例如，我们来看看 2012 年得克萨斯州奥斯汀市推出顺风车应用 Heyride 时，市场各方面是如何发挥作用的。

Heyride 的出现带有扰乱倦怠的出租车市场的意图。还记得你最近一次打出租车吗？在充满烟味的出租车里，暴躁的司机开着车在城市中飞速穿梭，最后还因为你用信用卡付账而给你脸色看，你肯定觉得钱花得完全不值得。出租车行业确实需要变革了，而 Heyride 想要实现这种变革。公司推出了一个简单的手机应用，每个人都可以把自己的车变成出租车。通过设置价格和可服务时间，你也可以成为一名出租车司机，并收取车费。任何人都可以成为司机和乘客群体中的一员。你既可以自愿成为司机，也可以下载一个免费的配套应用程序，来查看车辆的可用情况或者司机评价。如果你使用应用程序叫了一辆车，你就成了消费者，也能用信用卡付款。

Heyride 成了协同消费和共享经济浪潮中的一部分。在这样的浪潮中，人们通过提供的服务来共享高价产品，而不用自己购买。例如，流行的短途旅游租房网站 Airbnb 让人们能够将自己的房子与其他人分享。NeighborGoods 让人们可以与他人分享电动工具。

一些领域的竞争已经非常激烈，如汽车共享。一些公司，诸如 CarzGo、Zipcar 和 Uber，已经制定了各种政策，以缓解用户日益强烈的担忧。例如，Uber 最近从正规的载客服务向类似 Heyride 的模式转型，为此增加了许多安全保障政策，比如 200 万美元的保险政策以及对所有司机进行的背景调查。

但是对于 Heyride 来说，这样的法规在中期阻碍了公司的发展。就在 2012 年的 10 月 31 日，公司收到了来自奥斯汀市政府的禁令。禁令指出，他们违犯了多项有关城市出租车的法规。Heyride 首席执行官对此不屑一顾，他公开发表声明说："我不知道他们会如何执行……对我来说，这听起来像是他们正试图给相互提供顺风车服务的人带来恐慌。"之后不到三个月，Heyride 就被另一家顺风车公司 SideCar 收购了。截至本书撰写时，SideCar 仍然不能在奥斯汀市提供服务。

我和 Heyride 前首席技术官布莱恩·罗曼科聊天时，他讲述了热情的用户社群和立法变化之间的关系："政策一般是根据公众的最佳意图制定的。然而，立法者无法预测未来。而新技术的出现，比如支持全球定位系统功能的智能手机，以及共享经济见证下的消费者所有权观念的改变，都使得 Heyride 的产生成为可能。立法者先前制定交通运输政策时，这些都不在考虑范围之内。不幸的是，这些政策也成为现今运营商的保护盾。永远不要低估现有各方成员的自我保护能力。"

对于 Heyride、SideCar 以及该领域的其他公司来说，市场正在经历巨大的波动。手机的技术采用率已经超过了地方立法的速度，每天都为管制行业带来新的变革。奥斯汀市对于 Heyride 的回应，很可能也是其他很多城市对于正在寻求扩张的此类行业的回应。随着市政府的介入，产品所有者被迫与新的市场成分、规则和法规相互作用。他们必须遵循其他城市的先例，同时向前推进自己的颠覆性创新。

对这些情境中的企业创始人，罗曼科建议要关注用户增长，即产品热情的拥护者，而不是直接关注政策变化。"如果产品与当前的公共政策背道而驰，那么最好的成功之道在于建立强大的用户基础。当选的官员是民众的代表，他们有义务考虑政策变化。你拥有越多热情的用户来支持你打破现有秩序（通过反复实践证明现有政策管得太多或不合理），你改变现状的机会就越大。"

市场生态系统如此复杂，要清楚地了解产品—市场匹配度和帮助产品生存，积极跟踪市场信号是很有必要的。

# 从文化转变发现新需求

　　信号是一条线索，一小块数据。就信号本身而言，它是无效的。但是，一组信号经过缜密的解读，就可以作为市场战略的驱动力。Heyride 的故事里就充满了许多信号。其新闻发布会中的引述可以是一个信号，例如宣布与政治家的新关系或描述新的市场定位。其产品中的用户界面决策是信号，显示了产品将来如何转型。竞品所有者的博客也可以成为一个信号，说明其竞争意图或对市场的看法。

　　解读信号需要时间和经验，并且由于它的主观性，还会增加风险。信号本身是客观和中立的，但解读是带有偏见的。这种解读风险既可以使你的产品成功，也可能使之失败，但无须紧张。理解产品—市场匹配度的第一步是建立收集信号、系统解读信号的节奏，并且去除那些可能压垮或蒙蔽你的干扰信号，而只挑出能帮助你建立产品洞察的信号。

## 忽略来自竞争对手的信号

　　你可能会将竞争产品的功能视为衡量标准，并将其产品看作主要的信号来源。毕竟，这样的产品提供了一个公司如何看待市场机遇的直接信息。竞争分析法经常被用来追踪竞争对手已经做了什么或如何自我定位。然而，如果把竞争分析当成产品开发的指南，是有误导性的，因为它鼓励一拥而上的心态："别家开发了这些功能，我们也必须构建这些功能，才能和它抗衡。"了解竞争产品的功能是一件有趣的事。但复制它们却不是，原因有三：

首先，功能开发需要花费时间和资源。开发工作就像是零和博弈。如果你试图复制竞争对手正在做的一切，你就没办法实现竞争对手没有做到的事情。你会发现你仅仅是在努力追赶。这正是微软和 Netscape（网景）在 20 世纪 90 年代末浏览器竞争中所面临的情况。一家公司推出了产品的新版本，另一家公司赶紧复制每个功能，并加以润色，以求脱颖而出。那时的它们从未真正考虑过人们需要或者想要什么。相反，每个公司都目光短浅，只专注于竞争对手正在做什么。消费类电子产品公司经常在定价中使用"逐底竞争"模式，它们使自己区别于竞争对手的唯一方法是把价格降到更低。而这就是产品版本的"逐底竞争"。在定价竞争中，至少用户受益于更低的价格。而在产品功能的"逐底竞争"中，每一方都是输家。

其次，产品的额外功能会增添复杂性，影响人们对该产品任何功能的体验。出于内部结构考虑，量化功能、整理功能似乎是有用的，但是对功能的思考通常以牺牲对目标的思考为代价。甚至有一种方法可以计算这种复杂性的开销。席克定律（Hick's Law）描述了一个人在面临所有可能的产品时做出选择的时间。毫不奇怪，席克定律是对数级的：增加更多的功能意味着成倍增加用户做出选择的时间。

最后，也是最重要的是，你的产品以及竞争对手的产品，都应该具备公司价值观和文化所定义的独特品格。企业文化塑造产品的方式是相当多的（对比一下微软的产品和苹果的产品），并且这种品格很大程度上是不可重复的，因为制造产品的特定的人不能被复制。即便你记录并采用市场领先者建构的产品功能，你也不会获得他们的员工、工作环境或者职业道德，最重要的是，你不会拥有相同的情感共鸣。创建一个与 Zappos（美捷步）的功能和存货相类似的在线鞋店是相当简单的，但是难以做到 Zappos 公司赖以成名的客户服务和信用。比如，你会跟一个客户在电话里闲聊十小时，只为描述在拉斯韦加斯的生活吗？这正是发生在 Zappos 客户忠诚团队成员身上的真实事例。该员工并没有因为偏离主题或浪费时间而被谴责，因为他是在尽职工作，主动展开用户想要的任何对话。对于 Zappos，鞋子的库存固然重要，但是公司的个性更为重要。

你也可能试图从竞争对手那里获取市场行为的信号，例如他们的收购或外部营销活动。这些信号每天都有。你会看到产品发布的趋势，观察到市场动向，甚至会注意到人才流动。雅虎从谷歌挖来玛丽莎·梅耶尔，这向雅虎公司的邮件、搜索、广告、地图和其他数百个业务领域的产品经理发送了一些信号。这些信号并不能单独进行解读。产品经理开始将这些信号融入关于市场的世界观中，添加进自己产品和事业的参考框架中。Facebook 的产品经理对雅虎聘请梅耶尔的解读肯定与 Twitter 的产品经理截然不同，但你仍然可以肯定二者均注意到这一事件，并会花时间思考这将会如何改变他们各自产品的竞争格局。

这些信号是干扰，很有可能会使你从核心任务中分心。与其专注于竞争对手的说法和做法，不如考虑从另外两个方面更成功地收集有关市场的产品数据：社群对竞争的反应方式以及竞争与技术进步的关联方式。

## 拥抱来自社群的信号

可以说，最丰富的市场信号来自对一个社群的观察，因为根据定义，这些人有着相同的衡量标准和价值观。在群体中最令人兴奋的信号是态度的转变、规则的变化和对惯例的挑战，因为这些转变都意味着价值观的变化。当你开始感觉到这种转变正在变成一种模式时，你已经在偶然之间发现了一些真正有价值的东西。

想想奥巴马第一次竞选总统时，那些首次一起来投票的年轻的自由选民。在选举前的 12 个月内，我们可以观察到明显的态度转变，那就是一代原本不关心政治的青年第一次积极地参与政治和发表言论。这是一种文化转变，最终导致社群的转变。那些有着不同特质（例如年龄或社会经济地位）的人也开始共享价值观。

对社群以外的人，即老一辈的人或者对奥巴马没兴趣的更年轻的
选民来说，这种转变简直匪夷所思，似乎是受到了某种无形力量
驱动，莫名其妙地出现了。而对于社群内的人来说，这种转变感
觉就像是他们思维自然而然的演变，因为他们的参考框架发生演
变并被群体行为强化了。

你可以在 Reddit 这样的大型网络社群或 FlyerTalk、MetaFilter
这样的小型网络社群中观察到这种价值转变。当雅虎宣布收购
Tumblr（汤博乐）后，Tumblr 社群的一部分用户做出了消极反应，
7.2 万博主在一小时之内转向了 WordPress 博客平台。要意识到这
种转变并了解相关信息，你需要积极地与该社群进行交流。7.2 万
人很多吗？这种现象是边缘化的，还是代表了整个用户群体？主流
框架、话语语调，以及社群接受的道德观念和规范是什么？如果你
深入社群，时间久了，你就能发现这些事情是从什么时候开始改变
的。正是框架、语调和标准的变化为你提供了产品洞察。这些是你
可以从市场上收集到的最有用的信号，能用作价值转变的广泛指
标。雅虎收购 Tumblr 的行为对于投机资本家来说意味着增值，对
于雅虎来说是战略变化以及大量资金流动。这些信号对你的产品来
说都不如社群用户可能会放弃表达平台这个信号来得有趣。

2007 年，有人写代码破解了一种名为 HD DVD 的流行媒体格
式的数字版权管理。该代码以一篇文章的形式发布到了网络社群
Digg（掘客）上。超过一万人点赞了这篇文章。随即该文越来越
受欢迎。但是该网站担心大型媒体公司会采取法律措施，于是使

用了强硬的手段。他们删除了这篇文章，封锁了发帖人账号，并继续限制该话题的交流。社群成员发起了抗议，因为这个话题对他们来说很有意义。最终，抗议的声音越来越强烈，Digg 创始人凯文·罗斯不得不对争议做出回应："在阅读了几百篇故事和几千条评论后，我已经很清楚你们的主张了。你们希望看到 Digg 战斗下去，而不是屈服于一个更大的公司。我们听到了你们的声音，从此刻开始，我们不会删除任何包含该代码的故事或评论，并将承担任何可能的后果。"这类信号对于产品决策的制定至关重要：了解这样的社群转变如何发生将有助于更好地推动你自己的产品理念。而要了解社群转变，你需要成为社群的一分子。

## 吸收技术进步和设计的模式

设计可以使技术人性化，如果你的目标市场人群相信提供的技术能够帮助到他们，设计的过程会更容易。研究市场信号可以突显出这种态度变化的普遍或广泛程度。

从广泛的、概念的角度来看，在公共场合用蓝牙耳机讲话的行为一开始被认为是奇怪的、粗鲁的。现在看到有人用耳朵里的小装置自言自语已经再正常不过了。在公共汽车、机场和餐馆等公共场所接听电话也变得司空见惯。这表明人们接纳了可穿戴技术的文化，并对讲话者"在公共场合做私密的事"的行为越来越习以为常。这两种转变都有助于推广更显著的（或者奇怪的）创新，例如谷歌眼镜或其他可穿戴技术，因为它们都指向一种高级技术的设计模式：在公共场合使用可穿戴设备来进行传统的私人活动是能被社会所接受的。

一个更为成熟的例子就是鼠标——一个我们大多数人认为像桌子或椅子一样平淡无奇的设备。然而，界面的模式在文化上是很奇怪的；挪动办公桌上一个物理控制器来操纵屏幕上的数字跟踪点，完全不是一件自然或寻常的事。在 20 世纪 80 年代中期，苹果公司似乎在一夜之间就普及了鼠标。现在其他公司在这个模型的基础上进行制造。图形用户界面的基本范式融入了当前的背景当中。

鼠标和可穿戴设备都展示了如何将技术融入我们的文化，如何使得存在了几十年的技术产品化。如果你用心观察，就可以在这个过程发生的时候捕捉到信号。下面来讲讲这个过程。

大学和上市公司的重点研究实验室不断推动新的、激动人心的奇特发明，在鲜有人知的期刊上发表并在学术会议上展示。通常，获得资助需要发表文章。回想起来，这些发表的文章为我们提供了现代生活中享用的每一件发明的历史记录。你可以在各种工程和计算机期刊的旧档案中找到有关鼠标和可穿戴设备的早期研究，其中许多可供免费在线阅读。你可以观看 1968 年道格·英格巴特展示电脑鼠标的视频，或者查看 1981 年史蒂夫·曼恩佩戴早期型号的谷歌眼镜的照片。从研究实验室到商业产品，然后从商业产品到文化背景，都有一条明显的发展轨迹。

然而，要发现这条轨迹，你需要积极地寻找。微软的未来学家比尔·布克斯顿将此描述为一种科技研究,"(技术普及路线)一般不为人所知,但如果愿意深入钻研,任何人都可以找到它"。他还说,"任何在 10 年内会有 10 亿美元市值的产业目前都已经 10 岁了。如果你研究历史就会发现,几乎没有人发明了任何东西"。这种缓慢的技术人性化的过程是一个信号,但是要捕获信号,你必须阅读这些技术期刊并参加那些高深莫测的学术会议。

这些产品创新并非一夜之间产生的,不管是柔性显示屏、协同触摸屏、3D 打印产品还是研究人员已经公开发布的其他技术,都不会。只有当这些技术能为人们所负担,且最重要的是变得人性化的时候,它们才会变成我们知道、使用并且喜欢的产品。作为产品经理,你成功的诀窍在于在对话中意识到这些技术进步,然后跟踪到它们相对人性化的点。这些信号会出现在你可能从来没有听说过的技术期刊以及特定的会议论文集中。在这些出版物中,你可以找到值得追踪的技术信号。等到大众媒体发现技术进步的时候,这些信号已经被占用了。

## 产品—市场匹配的框架

现在是夜里 11 点,团队取得了很大的进展。大家都回家了,但是乔的大脑仍在飞速运转。他靠在椅背上,环视工作区域。这一天看上去很混乱,却颇有成效。

团队已经开始在白板上绘制草图,并列出了一系列框架来围绕产品方向做一个广泛的界定。这是有益的，但也令人混乱，因为对话兼具广泛性和具体性。一个白板上列有200个产品机会，而另一个上面画着一张 2×2 的市场矩阵草图。该团队已经将产品范围缩小至一个基于软件的工具，能够帮助人们检查自己的身体和健康状况。这符合他们对产品的愿景。当首席技术官在白板顶部用巨大的字体潦草地写下"帮助人们了解自己的身体和健康状况"时，乔体验到了一种轻松的愉悦感。

这个含蓄的愿景描述帮助团队成员明确了一些可能的设计理念。乔一直扮演"警察"的角色，确保他们不去选择其中任何一种错误想法。这并不容易。他的目标是培养对市场的感觉，成员们可以在其中活动和探索，而实际上并不限于某种特定的功能。

乔感觉很好。他达到了目标。团队已经向共同目标看齐，并且墙上的各种工件也说明了需要探索的概念区域。

在第一章中，我们着重讨论了从市场上吸收信号来驱动产品—市场匹配。但不要指望那些信号能够告诉你去制造什么，否则那也太容易了。你的研究并不是绝对的，也不一定预示着成功。事实上，市场信号给予你的是刺激。当你探索市场，观察社群、科技和产品信号时，你就可以开始开发有助于解读这些刺激的思维工件。从广义上来说，制作这些工件的目的是帮你获得知识和洞察，建立战略和计划。这些工件可以充当筛子，来筛选你的信号。一些图表是演示工件，能将你的想法合理化并传达给别人。把这些看作有助于工作的工件，创造它们的目的是帮你思考和制定战略。与直觉相反，一旦工件被做出来，它们就失去了价值，因为它们的目标已经实现：提醒你大致的发展轨迹。

## 制定价值目标声明

当你负责一个产品时，将你的想法转变为一种价值，这是非常有用的。把市场上发现的信号整合起来之后，你就可以开始确定你期待的产品价值。这个价值诉说人类特性，如爱情、关系、尊重或自豪。这种价值将使你在市场中显示出与众不同的特性，而不是功能使然，因此从市场领导者的角度来定位你的价值是有益的（见表 2-1）。

表 2-1　如何定位你的价值

| 与其把你自己想成这样 | 不如试着把你的角色想成这样 |
| --- | --- |
| 我是谷歌地图的产品经理。 | 我帮助人们树立信心，使得他们能快速有效地找到路。与 Bing 地图不同，我们的产品会尝试根据你的"谷歌+"个人资料，预测你想要搜索的内容。 |
| 我是 Airbnb 的产品经理。 | 我帮助人们获得良好的睡眠，使他们在一个新的城市获得独特的文化体验。与凯悦酒店不同，我们的产品带你认识独特的文化、生活方式和新朋友。 |
| 我是美国联合航空公司的产品经理。 | 我们会让乘客们长时间感到身体和情感的不适。与维珍大西洋航空公司不同，我们的产品要求人们遵守晦涩的政策和程序。 |

表 2-1 的最后一条像是在开玩笑，但并不全是。当你把关注焦点从"产品"转到"努力提供的价值"上时，一旦你产生依赖无力的品牌承诺的倾向，马上就会被叫停。也就是说，当你专注于价值时，你就很难隐藏在营销信息或口号背后。

显然，这类练习可能会受制于政策。你可能开始发现你对品牌特质的展望，可能与更高级别的人所建立的公司准则相冲突。这些准则的初衷可能是好的，但侧重点非常不人性化。美国联合航空公司臭名昭著的糟糕服务最有可能出自一套目的性非常强的削减成本的措施，旨在安抚股东。在维珍大西洋这样的航空公司的价值目标声明中，可能会有如下内容："我提供非常舒适的长途飞行，使乘客们拥有国外旅行的美好回忆。与美国联合航空不同的是，我们的产品不仅能在地面上提供独特的文化体验，还能在空中提供舒适的文化体验。"

航空公司的差异化一般不通过增加工程特点来实现，因为这些顶多是筹码。飞机需要飞行，座椅需要承受乘客的重量。差异化是通过认识、迎合情感和体验来实现的：飞行之前、之中和之后感觉如何？在市场领导者的定位下，通过撰写价值目标声明，并尝试采取诚实的手段来实现现有品牌的价值，你就可以识别那些有助于推动产品差异化的关键情绪因素。

## 通过 2×2 矩阵来描述用户群体

价值目标声明能阐明你想要提供的价值类型，并帮助你理解收集到的信号。2×2矩阵则是了解这些信号的另一种方法。这是一种简单的图表技术，从两个角度建立数据集，从而理解这两个角度的潜在关系。你可以使用2×2矩阵来合成和理解产品市场信号以及了解正在探索的用户群体。

首先，列出你在研究中发现的各种社群部分——构成潜在用户群体的不同类型的人。在头脑风暴期间，乔的团队确定了16个保健市场的群体（见表2-2）。

**表2-2　保健市场的16个群体**

| | | | |
|---|---|---|---|
| 耐力三项全能运动员<br>（铁人三项） | 瑜伽学员 | 癌症幸存者 | 纯素食主义者 |
| 耐力跑步者（马拉松） | 普拉提学员 | 草本主义者 | 原始饮食者 |
| 日常练习者<br>（例如，专业健身房会员） | 健美运动员 | 儿童<br>（团队运动） | 周末俱乐部运动员<br>（成年人团队运动） |
| 健身软件使用者<br>（例如使用 CrossFit） | 刚退休人员 | 孕后妇女 | 无麸质饮食者 |

接下来，思考一下各个群体能定义自身并区分彼此的属性。列出事实属性和情感属性。

研究一开始，乔可能会问自己："每天锻炼的人和刚退休的人有什么区别？"他的回答可能是，"最近退休的人有更多的时间"，或"每天锻炼的人更年轻"，或"刚退休的人对金钱更忧虑"。研究完各个群体之后，他就会得到能描述这一群体的一系列属性（见表2-3）。

表 2-3　保健市场 16 个群体的属性

| 事实属性 | 情感属性 |
|---|---|
| 人口数量 | 对社会活动不适 |
| 参与费用 | 轻松感 |
| 参与所需设备 | 有内省习惯 |
| 参与所需投入的时间 | 易焦虑 |
| 身体要求 | 恐惧对于金钱的投入 |
| 年龄 | 注重身体形象 |

现在画一张表格。选择事实或情感属性作为 x 轴，另一个作为 y 轴，然后将社群填入图表中。你努力找到他们相对的大概位置。如果你不知道应该把他们放在哪儿，你就需要进行研究，以便更好地了解他们。我们将在下一章中讨论如何做这项研究。

例如，乔选择了"人口数量"和"有内省习惯"的属性，结果见图 2-1。

你可以看到乔如何估计每一个群体种类的位置，以显示它与这些属性的相关程度。在乔的图中，左上象限和右下象限中有空白。这些空白可能表明市场机会——其产品的目标市场；也可能指出市场中没有上升空间的地方，从而避免将产品投放到这些地方。

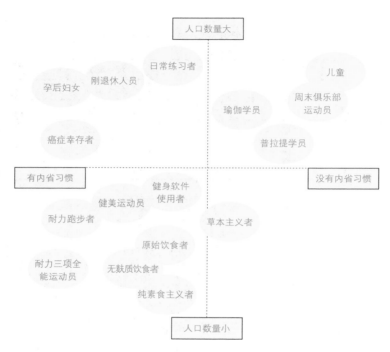

图 2-1  健康、健美空间的 2×2 矩阵

画另外一个矩阵图。继续探索市场空间，对比属性，看看会发生什么。你的目标不是尽快完成所有组合，而且图表不会给你任何明确的答案。相反，你的目标是获得对市场的感觉，建立一种关于各个群体如何相互作用的感觉，并且常怀着探索的思想。这些图表是思维工具，帮助你从各类受益人的角度分析潜在的创新可能性。要开展有关图表的讨论，并尝试定义每一个图表对你和你的公司的意义。

## 设想"如果？"

关于软件工程，一种哲学的思考方式是将它看成一项减法活动。工程师剔除不确定性并减少可能的结果，以便确定并最终优化某一种结果。当一个软件开发人员在编写功能时，他会使用一个战略和一系列步骤，这样做的同时，就摒弃了其他战略或步骤。对一样产品进行的重复开发倾向于优化其代码，使其更高效。这种优化是一种剔除的练习。重构就是要提高效率和简洁性，降低复杂性。

然而，设计往往是一种生成活动。设计师考虑多种未来可能性，思考世界可能存在的不同方式。这意味着要检验和考虑不同的想法，允许想法建立在另一个想法之上，从而产生更多想法，而不是减少想法。特别是在创新阶段，设计师最常提出和回答的问题是，"如果……？"

一名工业设计师在设计一个新型咖啡机的外形时，为了探索可能的外形，设计师可能会绘制出成百上千种只有细微变化的样式。每张草图都能激发设计师想出新的可能性。思考假设性问题，"如果……？"这个问题通常是关于产品的，也可以是关于市场战略的。市场战略草图能激发自我思考，而这种自我思考也能通过草图呈现出来。市场战略草图通常呈现出未来市场的运作场景。

想象你在前面提到的小型初创企业 Heyride 里面工作，专注于通过一个协作的汽车共享计划来破坏传统的出租车服务。你的产品正在开发过程中，初始产品将在几个月内发布。虽然你已经做出了产品决策，并且由你来掌控，但是仍然有许多市场决策是不受你控制的。你可以用假设性问题来刺激你思考竞争对手可能采取的行动，并将其运用到你的优势当中：

- 如果出租车公司在同样的时间段发布类似的应用程序，该怎么办？
- 如果我们产品的用户因产品而遇到危险情况，该怎么办？
- 如果用户不信任我们的产品，该怎么办？
- 如果我们收到媒体的负面评价，该怎么办？
- 如果市政府不认可我们业务的合法性，并提出法律诉讼，该怎么办？

通过提出假设的问题，你可以激发对于未来的虚构描述。你可以设想新的情境，并开始策划行动方案。其中的一些问题可能会迫使你采取降低风险的措施。其他的可能会让你提出、更改或取消营销活动甚至可能会改变产品本身的功能。想象你的竞争对手在未来可能做什么与看他们已经做了什么截然不同。假设的思维方式让你可以采取战略性和先发制人的行动，而不是简单地逐个对应功能。

## 设想失败的情况

在发展产品创新的道路上，你可能忍不住去看竞争对手现有的产品和服务，但凡你这样做，就已经落后了。竞争对手的产品早已存在，你只能对此做出被动反应。但是，通过假设竞争对手向市场投入新产品，你就可以领先于他们。在这种情境下，想象你的产品完全输给那个新产品，这样你可以预见竞争性产品是如何被投放到市场上的，从而制定具有竞争力的上市战略。

首先想象你的产品被摆在一个商店的货架上（还记得以前商店里软件是装在盒子里出售的吗？如果能帮助你想象的话，你可以假装商店被称为应用商店，它的形状像一个巨大的 iPhone）。现在，想象一个新的竞争产品摆在它旁边，这时过道里走来两名用户。二人都是你的目标人群，他们正在大声讨论要买什么。当他们提到产品类别时，你能听到什么样的对话？他们会怎样分析和对比货架上的两种产品？是什么因素吸引他们买这个或另一个？他们的对话如何反映出他们的决策能力？

作为一项战略演练，假设顾客购买了竞争产品，他们为什么选择它？是产品传达的信息？特点和功能？定价？产品公司的品牌声誉？精美的包装？就像讲述一个你的产品在未来失败的故事。但是为什么会失败？

在这一阶段，在纸上绘制一张差异表是很有用的。如果竞争产品有优越的定价战略，就标明产品和功能是如何定价的。如果该产品有独特的功能，就用线框图来说明它是如何展示功能的。

如果假想中的公司有优异的组织结构，把它描绘出来并找出它更好的原因。撰写新闻稿，宣布竞品发布，然后在《连线》(*Wired*)杂志上发表一篇虚构的文章，讲述你的产品为什么在拥有优越的市场基础上仍被新品压制。想象你的产品失败了，然后找出你在战略上有哪些弱点会导致竞争对手获得成功。

完成后，你会得到一个防御性产品战略的框架。

# 对话顶级风投格雷洛克董事：
# 如何利用数据找到共情力
### 关 于 产 品 管 理 的 过 程

2011 年，约什·埃尔曼加入了一家名叫 Greylock Partners（格雷洛克）
的风险投资公司担任董事。在此之前的 15 年，埃尔曼曾在一些社会、
商业和媒体领域的领头企业从事与产品和工程有关的工作。来 Greylock
之前，埃尔曼曾是推特负责产品开发和相关工作的主管，帮助推特把
活跃的用户群扩大了近十倍。在去推特之前，他在脸谱网的平台工作，
领导了 Facebook Connect（脸谱互连）的推出。在职业生涯早期，埃
尔曼曾负责 Zazzle（美国一家在线商店）的产品管理，也是领英负责
增长与就业的早期团队中的一员，并在 RealNetworks（一家计算机播
放器公司）领导 RealJukebox 和 RealPlayer 的产品和工程团队。埃尔
曼拥有斯坦福大学的符号系统学学士学位，主要研究的是人机交互。

🔊 约什，说说你是如何获得现在这么有影响力的职位的？

我在上大学时，在简历上写我的目标是做出能改变人们生活的伟大产
品。对一名大学生来说，这是一个不可思议的目标。但我知道，我总
是想找到那些想要在未来开创一番新天地的公司和人，并帮助他们
达成所愿。我从来没有想过自己创办公司或者当创始人。我真心实意
想找到能对世界产生巨大影响的事情，并参与其中。所以在整个职业

生涯中，我都努力这样做。我开始思考，要真正产生影响力，就必须为产品编程并且做出实实在在的东西来。我曾经帮别人做东西，但我从来没有自己做过东西。所以我大学毕业后的第一份工作，是在西雅图的一家名为 RealNetworks 的公司里担任工程师。我做的产品叫作 RealPlayer，这是第一款能在互联网上收听和查看音频、视频的软件。几年内，我带领一个由大约 15 名工程师和产品人员组成的团队，将 RealPlayer 用户提升到了数亿人。这是非常惊人的。

我现在所做的一切都试图回归我第一份工作的目标，推出能影响上亿人的产品，并且改变人们使用科技的方法。后来我离开 RealNetworks 去了领英。我们当时有 15 个人，试图想出如何把专业人士相互联系起来，以便帮他们获得更多的工作机会。我们想实现这个想法，那样工作机会自然就会找上门来。

我对一家名叫 Zazzle 的公司感到很兴奋，它让公司和公司之间产生联系，并按需求构建产品。如果你有设计作品，可以上传给他们。产品在第二天就能出货，不产生库存。我在这个公司做了几年。

2008 年，我加入了脸谱网。即便是在 2008 年，我也真的相信那是把世界上所有人联系起来的开端，也是其他社会服务建构的参照平台。我知道整个互联网、应用程序和手机都会变得越来越社会化。我曾经负责脸谱网的一个叫作 Facebook Connect 的平台。

2009 年秋天，我加入了推特。公司当时只有 80 人左右，在 2009 年，人们认为推特只是一款可以用的软件，却不知道为什么要用。我们想出了如何让所有人都使用推特的办法。我创建了一个团队，叫作"用户激活"，后来变成"用户增长"。我们想出了让用户群达到一亿人的方法，帮助人们认识到在生活中如何更有意义地使用推特。

2011 年，我离开了推特，因为用户增长工作已经顺利成形了。之后我试图找到一种角色，可以同时帮助不止一家公司达到相同的水平，而不是全职加入一家公司。风险投资公司对我来说似乎是一个好工作。Greylock 的一些人曾经和我一起在领英工作过，所以我选择加入。现在我的全职工作是投资人，试图发掘那些有潜力形成强大的网络和市场，但目前还处于早期阶段的公司。与其说我投资他们，不如说我说服他们聘请我们。如果他们聘请我们，我们的工作就是帮助他们完成成为成功的大公司的目标。

**◀ 想想你在这些公司做的事——帮助每个公司成功，做出优秀的产品，影响很多人。你是怎么做到的？用了什么战略？**

世界上不存在万能的战略，而且没有捷径。通常，你可以从可能产生影响的东西开始。某些人有很棒的想法。把这个想法变成一家公司的过程，就是寻找什么是根基所在，什么是真正的独特之处。一旦你拥有并创建了它，事情就从这里开始起步，你就真的能站得住脚且难以被取代了。我们通常称之为"网络效应"。每个新加入或开始使用产品的人都增加了这种产品对于其他人的价值。

不是任何东西都是通过网络效应来扩大影响的。有些东西变大，是因为人们在其中储存了越来越多的数据，这被称为渐进式承诺。随着你把越来越多的数据存入系统，你就越来越遵从于这个系统，离开系统的服务也就变得越来越困难。Evernote（印象笔记）和 Dropbox（多宝箱）就是很好的例子。一旦你把大堆的信息放进这些服务系统，就很难摒弃它们了。当越来越多的人使用谷歌，即使没有离散的网络效应，它也能发展起来。你越常搜索，谷歌的搜索结果质量就会越好。越多人搜索，得到的结果越好，这样大家都是赢家。

目标是要确定你将要围绕什么样的基础特点来构建产品。然后想出方法让尽可能多的人尽快用有意义的方式去使用。如果人们真正以有意义的方式来使用产品，通过网络效应或渐进式承诺，你的系统最终很有可能会做到真正的持久耐用。

### 如何识别难以取代的资产？

对于消费者公司，我寻求的是两样东西。我寻求注意力，吸引人们的视线。人们来找你是想获得从其他地方得不到的信息，成为注意力的主要来源是至关重要的。我还寻求基本价值。这是一些品质，类似于"无论是我的数据还是想法，都有安全保障"或者"给你机会找到新工作，确保你可以养家糊口"。

这些基本价值看起来像是深层的人类品质，而不是像"做一个更好的待办事项列表"或"使搜索功能更容易使用"那样琐碎的东西。你是如何锻炼思考这些事情的能力的？这是可以在学校学习到的东西吗？

从某种程度上来说，是可以的。你会在心理学和社会学专业的课程中学到类似的东西，而不一定是在计算机科学专业。我很有幸在斯坦福大学学了这个叫符号系统的专业。领英的里德·霍夫曼和谷歌的玛丽莎·梅耶尔（现在在雅虎）也都是出身于这个专业。Instagram（照片墙）的创始人迈克·克里格也是。这个专业是计算机科学、哲学、语言学和心理学的结合，专门研究人们如何看待计算机的层级、界面或表层，以及人机如何互动。

但它也回归直觉，构建产品最难的部分是：你是为了自己而去构建，还是因为你相信大多数人会有反应，有互动？跳出自我的思维，考虑其他人会如何使用一种系统或产品，并确保做出的选择是对他们有意义的，而非你自己。如果你花足够的时间思考正确的问题，你就有很大机会能学会那种直觉。

 这是一种构建产品时的策略能力，同时也是与人产生共情的能力。

完全正确。过去的 5～10 年，真正发生变化的是计算机系统越来越不关注你能否构建出产品以及它是如何工作的，而更多关注的是你要构建什么来改变人类行为。这意味着把更多的重点放在构建的东西，而不是构建的过程上。谷歌是计算机技术行业里最后一家仅仅依靠让计算机做事而壮大起来的公司。从那之后，脸谱网、推特、Zynga（一家社交游戏公司）、酷朋，所有这些公司都是基于更简单的人机互动的原则。先想出接口层，最后才使用技术。

**📢 如果不是回答"你能构建什么"，那什么才是产品管理呢？**

这项工作是帮助你的团队给用户提供正确的产品。很多人认为产品管理是成为产品的首席执行官，成为做出决策和驱动路线图的人。我认为这显然是错误的。我认为产品经理不是首席执行官、决策者，或者是决定产品的人。一个好的产品经理会帮助团队来做这些事情。产品经理并不拥有路线图，而是基于与设计、工程和商务人员对话中达成的共识来生产路线图。产品经理也不拥有规格说明书，而是基于与每个产品构建者的对话来制定它。他们负责将它打在文档中。

你的工作是帮助团队把正确的产品提供给用户；你的工作是找出用户是谁，他们想有能力做什么，以及什么样的产品能够帮助他们这样做；你的工作是发动整个团队来构建这些产品。发动他们一起工作的一个方法是设定一个疯狂的愿景，让大家聚焦在这个愿景上并看到其绝妙之处。你可以让创始人树立愿景，你只需让你的团队跟随他。可以在餐巾上画一些东西，让大家对此感到兴奋不已。但你的工作不是强迫他们这样做。你需要运营、参与、学习和聆听，让整个团队满怀激情地工作。

你还要当一个好的故事讲述者。优秀的产品经理可以讲述关于用户的故事，比如他今天做什么？如果我们给他合适的产品，他未来能做什么？故事不一定要跟具体的产品有关，例如，"这是一个 4×3 英寸的手机"。而更像是，"想象如果有人走在街上，口袋里嗡嗡作响，拿出这个设备就能看到这些信息"。你讲故事的时候不必明确具体的功能有哪些。

你还必须是一个好的倾听者。你必须倾听每个人，听取他们的需求和想法，然后讲述一个更好的故事。你必须谦虚。因为整个产品构建过程充满了试验、误差和错误，所以谦虚是参与团队的关键。这是一种自信的谦卑，我也知道这很矛盾。你必须对自己相信的事情有信心，但是要谦虚地学习和倾听。这真的很棘手。你可以努力变成史蒂夫·乔布斯，坚信自己是对的，但世界上只有一个史蒂夫·乔布斯。我们都想成为马克·扎克伯格，但也只有一个扎克伯格。我和史蒂夫或扎克伯格这样的人一起工作，帮助他们认识到这个新的现实。

倾听并不只是听别人说，也要倾听数据。你不仅要听取人们的意见和想法，还要听取数据和问题，并通过观察人们的行为来试图了解他们在做什么。这不是逃避做决定，就好像"根据数据显示，我们必须这样做"，而是用它来提醒自己。

你也必须创造性地务实。你必须清楚你想做什么，并与你的团队一起使用创新的方法来实现它，但同时也要务实，知道要花多长时间，并且真正依赖的是什么。你需要围绕这个现实发挥创造性，从而真正地完成和推出某种产品。

### 🔊 人们从哪里获得这些特质？

有趣的是，产品管理没有特定的路径。你必须立足于我提到的所有东西的交汇点。最近，我在一个产品会议上发了言。其他发言人都没有技术背景，而是有戏剧和影视编剧的背景。但是无论你来自哪里，你都可以成为一个好的故事讲述者，有创造性且务实，有恰到好处的自信和谦虚。真正的问题在于，你能不能集这些品质于一身来处理工程中事无巨细的工作？

### 🔊 产品经理应该做什么？

不是关于你做什么，更多的是关于你做出了什么工件。工程师的工件是代码。运营人员的工件是广告、宣传、视频和内容。产品经理的工件是达成共识的路线图和规格说明，以及每个人用来做好自己工作的路线图和规格说明的定位文件。

产品经理真正做的有 4 个工件。第一个是总体路线图，概述你想要采取的推动产品前进的主要举措。这是高屋建瓴的，描述了你的各种目标。第二个工件是规格说明，详细定义了你给产品路线图的每个项目所制定的特征或变化。第三个工件是一个定位说明，用来向用户描述该产品。亚马逊在构建产品之前先撰写了新闻稿。定位说明可以只有几个要点，但要解释清楚为什么要做这个功能。它包括一些衡量功能成败的指标。最后一个工件是详细的项目计划，即工程师们构建产品所需的步骤。

### 🔊 这些工件如何适应产品圈内精益、敏捷或者其他发展趋势？

不断革新你的战略，不断用创新手段去找到解决方法，这是一个好主意。但是，这些途径所忽略的是，你必须设定一个愿景，一个方向，或一个你想要解决的关键问题。然后使用其中一种途径找到问题的解决方案。有些人会说精益和敏捷是一种探究用户发展问题的途径。我并不赞同以这种方式来获得消费产品的创新。也许在 B2B（企业对企业）背景中，反复这么做是为了了解市场中的 B2B 客户需要且愿意购买的东西。但对于消费用户来说，你必须有更多的愿景，例如，"如果世界是这样运作，不是很好吗？"

### 🔊 能不能举个例子，说说工件和愿景是怎么相互适应的？

在推特时，我们发现了一个大问题。人们注册了推特之后就再也不登上去了。我们不太明白为什么会这样。还有第二个问题。我们向新用户展示一个推荐用户列表，其中有大约 1 000 人随机显示出来让新用户关注。这在网络上引起了负面影响，因为那 1 000 人比新注册的用户拥有多得多的关注者。网络中的其他人则因为没有被选入那个列表，而觉得自己处于不利地位。

所以我们有这样两个问题——网络不是个令人开心的地方，因为人们被区别对待，新用户要关注随机的陌生人。因此，我们做的第一个项目是重建整个流程，让用户更多地掌控过程。并且我们能够教会新用户如何使用推特，随着时间的推移，推特会成为一个更有意义的产品来让人们使用。

我们将现有的两步流程（找到你的朋友，然后看 20 个我们随机挑选出来建议你关注的人），变成三步流程。首先，用户浏览一系列主题分类，找出在这些分类中他们想要关注的人。然后是找到他们的朋友——这是第二步，因为我们认为新的主题分类比寻找朋友更重要。第三步是查缺补漏："我们遗漏了谁吗？你可以在这里搜索，在开始之前找到在推特上曾经听说过的人。"超过 50% 的注册用户使用了最后一个搜索步骤。当你完成后，再回到推特，就已经顺道关注了别人，所以你可能会更快上手。

我们获得了惊人的成功。更多的人完成了这个流程，即便它现在是三个步骤，而不是之前的两个。更多的人在注册完成一个月之后又开始使用起来，并且所有关于人们因为被列入前 1 000 名而获利的噪声也消失了。

🔊 **在这个例子中，你是怎么从注意到产品问题，转到提出这个特定的解决方案的？**

我曾经问过别人，他们认为推特是什么。答案比较一致。大多数人都说，"我在上面有一群朋友，推特能让我知道朋友说了什么"。

然而我相信推特的意义不止于此。当我们问推特是什么的时候，我真的希望他们说，"用来寻找精彩的内容，关注朋友，或发现身边的事物"。所以我们开始构建流程，表明，"这就是我们组织流程的方法"。我们向人们展示模型并说，"现在你认为推特是什么？"他们开始告诉我们它是关于内容、朋友或发现新事物。

我们给予他们一个可以通过产品本身来讲述的故事，我们找到了对的感觉，所以推出了产品。最终，它成功了。

🔊 **看来，对你来说，这项工作更像是讲故事。**

我一直是一名讲述者。比起一台计算机的工作原理，它如何为人类工作这一点更让我感到兴奋。工程技术是必要的，但不充分。历史上满是那些有可能构建和已经构建了，却不适合用户使用的产品。

🔊 **因为市场还没有准备好吗？**

不，并不是因为市场没有准备好，这是因为产品团队没有读懂当时的趋势。产品管理的一部分是理解如何采取正确的步骤向前推进产品的构建。很多人总是不知道如何把东西分解成一个个小部分，然后再继续下一步。当我听到有人说时机错误或市场没有准备好时，我觉得这更像是，"你没有弄明白如何把产品送向当前的市场和世界"。

谷歌眼镜就是一个典型的例子。我对谷歌眼镜的看法是，从长远来看，感觉是正确的，但从短期来看操之过急了。如果两年内想在谷歌眼镜上赚钱，可能不会成功。如果是一个五年期限的游戏，并且他们坚持产品迭代，那这就是一个聪明的玩法："把设备卖得很贵，所以现在只有超级'死忠粉'会买。"

我的直觉是，存在强大且不同于一般的东西，天生让人觉得很棒、很自然，感觉这种东西属于未来，就像是我们想要的工作方式。眼镜令人印象深刻。但是想想所有的社会规范，所有的转变，以及其他所有使得它像是一种正常行为所必须发生的事情，它感觉不像是一年内会像野火一样蔓延的东西。谷歌会卖出一些，再卖出一些，经过迭代之后，产品会变得更好。然后到第三或第四个版本时，人们就会说，"你还没有这个？你落伍了。"

🔊 **刚才你讲述的关于行为、未来和采纳的故事，是你通常看待产品决策的方式吗？**

是的。你可以看看脸谱网。所有学生都在上面。可以说，有一天大多数成年人也会在上面。几个人用了，更多的人就会用，然后人们突然觉得，如果他们不用就落伍了。推特也是一样的道理。我早在 2009 年就注册了推特，有些人现在才开始使用它。

🔊 **对于那些刚刚开始产品管理职业生涯的人，你有什么建议？**

我的建议是去从事一些正在快速发展的工作,这样你能趁早理解制定出来的决策以及大规模决策制定的方式,但你自己不要过早地去判断它们能否成功。比如 2013 年的拼趣、多宝箱、爱彼迎、Square(美国移动支付公司)或优步。这些公司不具有被明确定义为成功的商业模式,但他们不至于新到缺乏产品—市场匹配。

在这些公司中,你将有机会了解这种类型的规模是什么。你也许会做出打动很多人的决定。如果你去的公司太大,产品开发部门只有一个小窗口,你就不能看到决策如何影响产品的成长和轨迹。但如果你去得过早,你只是尝试着第一个来构建东西,除非你成功地做出来了,不然你学不到任何有关创造动力的经验教训。

所以找一家超高速成长的公司去学习,然后你会在整个职业生涯中都追寻它。我有幸在 RealNetworks 工作,学到了一些很棒的东西。这帮助我敲开了领英的大门。我写了一封信:"亲爱的里德和埃里克:我在斯坦福大学和你们学的是同样的专业,我在西雅图工作了六年,把 RealPlayer 推广到数亿人手中,我喜欢你们正在做的事情,有什么我能帮上忙的吗?"我学会了如何拓展,正是这个能力帮助我打开了事业的大门。

# 03

## 从发现需求到重构体验

乔心不在焉地听着首席营销官玛丽的话，她已经连续说了好几个小时了。结束第一场研究会议后，他们回到了办公室。他们花了两个小时，观看一名瑜伽教练如何为她的课程做准备。这是乔提出的研究计划的一部分，因为他想了解健康行业的生态系统。他的研究重点是个人跟踪和个人管理，他认为瑜伽教练会教他们如何跟踪瑜伽对身体的影响。然而，实际了解到的几乎全是有关心理健康的内容。他们看到在课程开始之前，教练帮助学员克服恐慌，并且课程中的谈话也都是围绕减少焦虑和促进心理健康展开。这跟他的预期完全不一样。乔很不解。

　　在第 2 章中，你已经了解到，产品—市场匹配是关于广泛的群体趋势和市场力量。在本章中，我们将聚焦于个人的行为洞察。这意味着要将视野拉近。行为洞察不分析大公司如何变化，为什么发生大规模市场转变，或者考虑整个用户群，而是检视一个人如何与你的产品互动（或希望如何互动），以实现他的目标和愿望。

把这种互动想象成一种对话，好像你的产品真的在和一个人交谈。某种程度上，你的产品真的可以与人对话，但这种对话是抽象的。有人使用产品时，他也回应了界面设计、美学和产品故事。他的反馈会进一步与产品发生互动，因此循环的互动就发生了，来回反复。这种抽象对话发生的空间就是人类行为。

获得行为洞察异常简单。你需要花时间与将要使用你产品的人待在一起，观察他们做任何事。你的目标是了解他们，与他们产生共情。你可以通过接收和解读信号来实现这一点，但与广泛共享的市场信号不同，这些信号是局部的、分离的和具体的。

## 利用共情找到核心用户

通常，了解人的最困难之处在于确定了解哪些人。我们虚构的人物乔正在研发一种生活产品，用于跟踪个人健康信息。理论上他可以和任何人相处，了解一些有用的东西。但是他怎么尽可能利用他有限的商品和时间，从最少的人身上学到最多的东西呢？

关键是切分市场，但乔正在寻找的细分市场并不是基于人口统计学或那些时髦的营销心理，而是根据他观察到的真实行为，来挑出潜在的用户。因此，比起人本身，他对人做的事情更感兴趣，这也应该是你的视角。观察人类实际的行为是实现产品创新以促进用户参与的关键。这不同于在回顾、概括、假设的情况下观察到或听说的人类行为。你并不是要组织个人采访或者焦点小组访谈，来讨论人们可能做什么、应该做什么或通常做什么。相反，你观察的是人们实际在做的。

要确定观察哪些行为，就要创建一个档案，将你对现有行为的假设进行归类。在你的产品空间内描述以下这些事情：

- 你认为人们当前在做什么？
- 你为什么这么想？
- 你认为人们会在哪里做这件事？
- 你认为他们多久做一次？
- 你认为他们在什么时候做？

承认吧，之前你可能搞错了问题的答案。对错并没有关系，因为你现在有了一个行为档案，可以就此制订研究计划，这样就有了一个起步的地方。与其观察所有人，不如去观察一个特定的人：在午休时或下班后去瑜伽教室锻炼的人。当你去研究这个人的时候，也许会惊讶地发现，午休时间根本没有任何瑜伽课程，或者像乔了解到的那样，人们在锻炼期间没有跟踪记录任何东西。但是没关系。这是你跟踪行为信号的开始。

让我们从乔的视角看一下（见表3-1）。

表 3-1　乔关于人们现有行为的档案

| | |
|---|---|
| 你认为人们当前在做什么？ | 我认为人们经常锻炼，会在笔记本或日记中有条理地记录他们的进展。 |
| 你为什么这么想？ | 在健身房，我看到有人在笔记本上写东西。 |
| 你认为人们会在哪里做这件事？ | 我认为人们会在健身房或像瑜伽、普拉提这样的结构化课堂上做这种跟踪记录。 |
| 你认为他们多久做一次？ | 我认为人们每周锻炼两三次，记录他们每次的进度。 |
| 你认为他们在什么时候做这件事？ | 我认为他们在午休或下班后锻炼。 |

## 场景影响用户情绪

行为研究旨在获得洞察，且发生在特定的情境中。情境可以是物理的、地理的或概念上的。例如，为了优化工作流程，你可能想要了解某个行业中工作是如何完成的。或者，你可能想了解不同文化与技术进步的交互方式，例如发展中国家的手机使用情况。你的研究目标可能是理解，也可能是共情，这两者是不一样的。

### 获得共情或理解

理解是获取知识。你可能对一个特定的情境不了解。例如，南非的小额信贷，因为你从来没有在日常生活中接触过。如果你从来没有读过、遇到过或讨论过它，你就没有理由认为可以通过设计来支持它。所以在这种情况下，行为研究的作用就是学习。当目标是学习时，研究产出的通常是事实陈述：这是系统如今的工作方式，这些是组成系统的人，这些是正在使用的工具和工件。这些事实陈述有助于识别设计机会，这些是设计可以给予帮助的地方。这些机会通常被称为设计中的"低垂的果实"，容易被实现。

　　共情是关于获得感受。其目标是去感受另外一个人的感受。这个目标有些许奇怪，因为它是不可能实现的。要感觉别人的感受，你可能需要真正成为那个人。你可以接近她的感受，所以旨在建立共情的产品研究真的是试图去感受别人的感受。你还没到85岁，想一下作为一个85岁的女人的感受是什么样的。这个思考仍然是分析性的：它是关于理解的。你需要更近距离地体验一个85岁女人所体验到的同样的情绪，所以你需要置身于她遇到的各种情境中。

　　鉴于人体在老年时经历的各种生理变化，开车的感觉会变成什么样？你可以进行角色扮演，像演员一样，这也许会让你更近地体验到一名老年司机可能经历的感受。实际上你可以真的与一个85岁的老年人一起开车，这能让你近距离地体验她的感受。你甚至可以把你的视线变模糊（比如说，戴上涂了凡士林的眼镜），并增加你的身体负担（把手指的关节处用胶带绑起来模拟关节炎），这能使你更容易建立共情。你练习越多，就越接近她的感受，抛开你自己的视角，暂时采取她的视角。

当你老了，阅读报纸是什么感受？使用电子邮件是什么感受？看医生是什么感受？你可以通过接近阅读报纸、使用电子邮件或去看医生的老人的真实行为来回答这些问题。情感输出很难向别人解释，因为感受是个人的和复杂的。虽然你可以写出详细要求，使用你理解了的案例，但还是很难告诉别人你感受到的东西。

此处理解和共情之间的区分过于简略，只是为了说明两者的不同。现实中，大多数产品研究是同时关注理解和共情的，在学习的情境下，经验有助于两者的构建。当你想从行为中获得信号时，实际上你是在同时寻找人们在做什么以及他们的感受是什么。

## 获取行为信号

收集此类行为信号的过程异常简单。你需要身处实际发生行为的地方，你需要观察行为发生的全过程，你需要和正在做事的人交谈。这就是全部。不用调查问卷或焦点小组访谈。你只需在某人开展某种活动或采取某些行动时与他交谈。

好吧，与陌生人交谈可能有点奇怪。有一些方法可以减少社交尴尬，后面我会说到。你会发现，大多数人都很乐于谈论一整天做的事和感受，因为通常没有人问过他们这样的问题。你对于观察他们行为细节的兴趣，点亮了他们的生活，让他们感觉自己很特别。

以下步骤解释了如何通过观察人们做事并与他们交谈来收集行为信号。

### 设置和阐明主旨

进入行为情境之前，你先设定一个主旨。主旨是对你行为研究范围的简要描述。你的主旨可能是了解人们如何使用银行服务，对这种服务的态度，观察一个特定的企业如何看待秩序，或者观察一家人去看电影是什么样的。你的主旨将帮助你确定适合的研究情境；帮助你构建之前描述的行为档案，以便你来选定要采访的人；帮助你在实地研究期间掌控你的谈话。

### 准备一系列问题，但尽量不去使用

设计 10 个宽泛的开放问题，以阐明你的主旨。这些问题应该是关于行动、工作流程和过程的，而不是关于统计数据或意见的。如果可能的话，这些问题实际上应该激发行为。问题有好有坏，具体请参见表 3-2 和表 3-3。

表 3-2 阐明主旨的好问题

| 好问题： | 这是一个好问题，因为： |
| --- | --- |
| 你能告诉我你是如何使用软件来处理这个订单的吗？ | 这个问题引发行动，并将谈话引向现实，而不是假设的情况。 |
| 你最不喜欢这家商店的什么？你能告诉我为什么不喜欢它吗？ | 人们通常能够描述负面感觉，参与者可以重现问题。 |
| 你还记得你车坏了的时候吗？你能告诉我哪里坏了吗？ | 人们常常记得具体的、不好的情况，参与者可以把车作为道具，构建有动作的故事。 |

表 3-3　阐明主旨的不好的问题

| 不好的问题: | 这个问题不好，因为: |
|---|---|
| 你喜欢这件产品吗？ | 它与一个特定的行为信号是不相关的，不是一个引导性的问题。参与者很容易就回答是或否，不会提供额外的细节。 |
| 你最经常使用这个软件的哪三个功能？你花多少时间来使用它们？ | 人们很难监测自己的使用模式，并难以估算事件的频率。此外，这个问题很容易避免实际的行为，不会让用户有所行动。 |
| 如果我们设计一个东西来解决这个问题，你会买吗？ | 假设的购买行为根本不可信，因为实际购买行为取决于诸多相互关联的问题（价格、审美、时间等）。这种假设并不会接近要观察的行为。 |

制定这个问题列表有几个目的。首先，它迫使你在心理上模拟实际的研究，让你把将要观察的行为变成心理表征。接下来，你在实地研究期间找到机会时，自然会提出此类问题。最后，如果参与者就是不配合，它能给你一个备用计划。你可以随时把你的研究变成采访，只需提问和回答。这不是最理想的，但总好过浪费时间和资源。

### 进入情境，记录一切

在行为发生的典型真实情境中进行行为研究是至关重要的。你可能会试图把参与者带到一个中立的地方，如办公室或咖啡店，然后让他们回顾一个特定的活动。但你想要的真的不是一个回顾或总结，而是想要丰富、连贯、细致的信息来深入一个人的生活与工作。这意味着你需要找到你自己的方式进入这个特殊的情境，这是具有挑战性的。你出现在空中交通管制塔，不能想着只是闲逛一天。相反，情境研究要求你在访问之前就安排进度，建立人际网络。它还需要一定程度的尊重，特别是当你进入某人家里或公司时，也需要一些个人空间。

当你处于情境中时，要记录这个经历。在参与者许可的前提下，使用录音机记录所述内容。也可以拍照或者摄像，尝试捕捉尽可能多的工件，方便之后合成数据。

### 要求看例子

当参与者提及产品、过程、流程、软件或其他的名词或动词时，你可以要求他举例说明。这使得谈话内容细化到了具体行动上。与其谈论软件，不如让参与者使用它。与其听她描述每天都经历的一些过程，不如要求她向你展示。简单地问一句，"能举个例子吗？"这可以帮助你获得大量的洞察和清晰的信息。

### 要求试试看

观察到一个新奇的情境时，你可以亲自试一下。例如，如果你正在看一个屠夫切肉，问问看你是否也可以上手切一下。如果你正在观察大学教师批改试卷，问问看你是否也可以尝试批改。如果别人拒绝，你也没有任何损失，但如果他同意的话，你将会获得宝贵的经验，从而更接近共情。你还让参与者转变成老师，一个好的老师会帮助你学习。

### 观察极端情况

尝试观察极端或非常独特的行为。这可能意味着要观察六七个不同的人，并试图在不同的情境中招募差异显著的参与者。寻找那些失败或不起作用的事件。尝试找到异常或离群值，即有特殊观点或态度的人。这些异常情况能够呈现新的、刺激性的框架，它们可以帮助你以一种新的方式看世界。

## 从产品的使用信号中学习

如果有现成的产品，你可以从人们使用它的方式中收集信号。你可以具体观察一个人如何使用你的产品，或从总体上了解整个用户群如何与它交互。

你可以通过研究分析数据了解广泛的产品使用模式。这些数据是通过各种独立事件生成的（人们看到某个界面时，就会点击那里或者按下按钮），或者通过一系列有序的事件生成（在看见某个界面后，人们通常会走过去）。这种类型的数据很有趣，因为它突出了改变的机会。例如，它会让你注意到让许多人改变主意的一系列事件中的一部分。或者，它会告诉你，某个按钮比其他按钮更有可能被点击。

但是，这类综合数据不能告诉你为什么。你会知道某些东西表现良好，另一些根本没有显示出来，但是只能由你自己来推断观察到的行为模式与特定决策之间的因果关系。

你可以使用非常具体的一对一评估数据来补充这种宽泛的产品使用评价，从而找出原因。了解这一点最简单的方法之一是进行正式的有声思维可用性测试，围绕你观察到的宽泛模式开展任务。在这种可用性测试中，用户被要求在完成某项任务目标的同时把想法大声说出来。这意味着一边做一边说；辅助者不会打断他，或者像使用其他评估手段一样，询问他的感觉。相反，辅助者只在那里提示用户嘴别停说话。

这有助于辅助者理解用户在做决定时，为什么会采取这些行为。如果你在产品数据中观察到一个奇怪的使用模式，可以围绕该使用模式开展可用性测试，你就会理解为什么一个人会做出各种决定。小样本可用性测试的数据并不显著，但它能帮助你更好地解读你正在观察的大规模模式，并为你提供一组强有力的产品使用信号。

以上这些我讨论过的发现行为信号的方法有一些共同点。它们都要求你与使用产品的人进行亲密互动。你不能隐身在网络调查背后，并期望获得与别人的共情。你需要与他们在一起，与他们一起笑，体验他们的高潮与低谷，并了解他们。你可能会觉得这些方法有些吓人，但实际上不应该是这样的。我发现恐惧来自对这些方法的不熟悉。我们的工作通常让我们对着电脑屏幕，将外面的世界抽象成一组冷冰冰的数据。这个过程迫使你离开办公室，进入混乱、粗粝又激动人心的真实生活。希望随着对情境研究的恐惧感的逐渐消失，你可以在了解其他人如何生活的过程中找到乐趣。

## 用户行为可视化

乔的墙上已经没有空间了。他自顾自地笑了。根据他的经验，这是一个很好的现象。

整个墙面被引述的话语所覆盖。团队已经将研究资料逐字逐句录入，乔向他们展示了如何将研究资料分解成一张张个人用语卡。现在，12 个研究参与者不能再被单独辨认出来，因为他们被混合到了大量的数据中。墙上有多种评论类别，每个类别都用标签标明。一张巨大的打印纸上全部用大写字母写着："人们需要了解他们每时每刻的情绪，给他们一种方式，把情绪可视化。"另一张上写着："健康是一个随着时间展开的故事，帮助人们讲述他们的故事。"

团队成员都在这里，四处观察。乔感觉到他们正沉浸在他们所创造的作品中。气氛很安静。他不想打破这种气氛。

之前，你读到了从市场的公共层面和个人的局部层面观察周遭世界。观察周围的世界是收集人们行为信号最快捷的方式。但观察给你的只是故事的一部分：它向你展示人们做了什么，但没有说他们为什么这样做。这些观察结果为你提供了大量的数据，但数据缺乏情境深度，不能为你提供足够的信息或知识。它仍然不能回答最难的问题：我应该构建什么？你可以通过严谨的解读来获得回答这个问题所需的情境深度。

## 解读以确定需求

解读将帮助你找出当前产品或服务没有满足的需求和领域。

这可以很明确地体现出应该创造什么以满足人们的需要。例如，如果你观察乘坐地铁的人，会看到买票过程中有很多可以通过设计改进的缺陷。游客可能不熟悉这一过程，因此他们可能在售票处耽误了更多的时间。这就告诉你，这个过程对于第一次使用的人来说太难了。人们可能会打翻咖啡，掉落手机和钱包。这告诉你，售票窗口前需要一个平台，以便人们把东西放在上面。你的观察和解读之间几乎没有推理，所以你可以认为这些是合理的解读。换句话说，观察可以找出问题和解决方法。问题与解决方法之间的差距很小，所以创新风险也很小。

## 解读以识别洞察

解读也可以获得洞察，这是关于人们的生活方式选择、抱负和愿望这些事实的深入陈述。例如，如果你观察乘坐地铁的人，会看到一些人在使用笔记本电脑工作，其他人在看书或看报。你可以通过多种方式解读这种行为。你可能会猜，人们不想被打扰。公共空间和私人空间的边界在这样狭窄的空间中变模糊了，因此像书或耳机这样的人造物品可以筑起隐性的"墙"来划定空间。或者，你可能会猜测，人们正在庆祝他们集中了注意力。空间的约束使他们更有效率。这两种解读都是有道理的，两者会从不同的方向引导你，但是你的观察和这些解读之间存在大量的推论。你的观察既不能识别问题也不能解决问题，因此基于这些解读的创新伴随着风险。

### 录入、外化和构建产品的综合信息墙

产品综合信息墙是一个非常有价值的工具，帮助你把研究从头脑或者笔记本电脑中"拿出来"。你的目标是生成一份对所有研究资料外化、有形、协调和高度可视化的表述。外化数据是重要的，原因很简单。当你在计算机中存储东西时，你会发现自己在用一种对软件设计者有意义的方式来组织数据。你会把东西放进文档和文件夹中，结果产生了高度等级化和分解的数据结构。你没有能力去理解研究的广度，而且会发现自己在数据间建立联系的能力也受到了限制。

综合信息墙的初步目标是：发现个人话语或行为之间隐藏的联系，以及在大量数据中找到异常或离群值。信息墙促使你以一种新的方式看待数据，并让你质疑自己对等级结构、关系和因果的先入之见。

为什么数据外化对于成功创新至关重要？青蛙设计公司的设计研究总监乔恩·弗兰奇给了我三个理由。"第一，专用房间的存在给了项目团队一个共同的工作空间。第二，房间给组织一个暗示，'这是重要的工作'，通过其结构传达了团队正在学习和执行不断发展的事情。在任何时间点，利益相关者可以'阅读房间'，离开的时候都获益匪浅。第三，一间充满外部化数据的房间，也许其最有用的功能是让信息比对和团队对话得以发生——这两种关键却经常被设计师忽视的工具，对于意义构建至关重要。"

综合信息墙主要输入的是行为研究——观察人们做事，比如

工作或游戏的研究。首先把所有研究内容整合录入。这是非常单调乏味的。你会忍不住让你的实习生来做。抵制诱惑，振奋起来自己做，因为录入是这个学习过程中非常重要的一部分。当你逐字输入所听到和看到的，你会发现自己再次体验了一遍当时的经历，并对每个人说的话进行了一次元分析。你会发现自己总是在问为什么。为什么他们这么说？他们真正想说的是什么？转录一段会话所花的时间可能是你实际研究时间的4倍，因为你会不断把录音倒退和暂停。但是，慢慢地，你会得到一份研究内容的逐字记录，涵盖了你从与你对话的每个人那里捕捉到的信号。你也会把参与者的声音真正地听进去，然后更能从他们的角度评价设计想法，就好像你连接了他们的想法一样。最重要的是，你会把访谈的内容整合到你的世界观中，以不同的方式思考问题。录入过程，以及随后的综合过程，就是你如何理解数据的过程。

录入的内容是关于一个研究参与者的线性表述。但是为了混合所有参与者的结果，你需要将研究分解成非线性、模块化的形式。这样，你就可以自由移动每段引述或话语，从中发现模式和异常值。

## 将研究拆解成非线性的形式

有一种非常有效，但略显愚蠢的方法，能够把标准纸张上的文字移动到 2.75 × 4.25 英寸大小的纸条上，每张纸条上就是一段引用自一位研究参与者的话语。

1. 复制参与者的整段谈话文字，并将其粘贴到电子表格中。每个段落在电子表格中都占据一个单元格。每个单元格称为一段话语。

2. 在电子表格中添加两列。一列写有参与者姓名首字母（如 JK）。另一列标明唯一标识符（1，2，3……）。当研究不再是线性形式时，这将帮助你回溯到研究中的确切时刻。

3. 打开像微软办公组件中的 Word 文档这样的工具，找到邮件合并或邮件标签功能，能够将电子表格合并为一系列标签。将各种内容模块添加到标签中：话语本身、参与者姓名首字母和唯一标识符。完成合并后，你会得到一个可以打印的抄本，每页有 8 段话。

4. 打印合并后的文档，把每一页裁剪成 8 个纸条，这样每个纸条上都有一段话语。

5. 用图钉或胶带把每个纸条贴在墙上。你已经有效地使研究变得非线性，因为你现在可以自由移动纸条了。对所有的研究参与者重复这个过程，墙上就会有几千个不同的纸条。这要费上一天的工夫。完成后，你应该休息一下。

### 识别模式和异常值

现在，你可以开始在数据中寻找模式。阅读每个纸条，用荧光笔标出那些你觉得有趣的东西。没有必要合理化所有有趣的东西，或尝试设置"有趣"的标准。"有趣"既是主观的，也是不一致的，这是完全可以接受的。你可以标注出乎意料的东西，或在情感、财务、逻辑上具有特殊影响的东西。你的参考框架已经被观察到的市场信号打磨过，所以你的大脑中已经有了一个过滤器，可以筛选出有趣的东西并标注出来。换句话说，不存在错误答案，反而有很多个正确答案。

当你阅读一张张纸条并标注出你注意到的事情时，手动移动它们，把相似的纸条放在相邻位置。这种相似性会跨越所有的访谈参与者，因此随着时间的推移，你会失去对任何单个研究参与者的理解。随着纸条上的内容开始混合相融，你会发现跨越各个研究参与者的模式。当这些模式浮现时，给它们命名。在一张彩色的便利贴上写上名字，用以说明组别的行为意图。避免使用功能化或过于抽象的名称，比如"工作流程"或"管理方法"。相反，这些名字应该是有关文化、行为和规范的丰富猜想，例如"所有利益相关者使用的看起来完全无效的流程"或"参与者在情绪上伤害自己的方式"。

乔从瑜伽工作室的实地研究回来，将这些引述的话语分为一组：

"我总是很紧张，瑜伽真的能帮助我放松……其实，不只是瑜伽，实际上还有这里的朋友。"

"我通常不会这样吃。因为今晚冰箱里没什么可用来做饭的，却刚好被你碰上了，今天上班也很糟糕。不要评判我，好吗？"

"当我到家时，什么都没剩下。我坐在门廊上，喝着威士忌。这就是我的全部了。"

"我试着在下午去健身房（放下杠铃，拿起水瓶喝了口水）。但我从来没有足够的精力，工作总是让我很生气，因此我总想跳过健身。逃避让我感觉很糟糕，所以我感觉更糟了……这是一个可怕的循环，到早上才会好一点。"

乔把这些放在一起，因为每个看起来都是负面的——每个人都描述了一种不好的感觉。在他看来，一天结束时，参与者产生了糟糕的情绪。他们没说任何关于工作的事情，但他们都有工作，所以他把这一组标注为：

人们似乎都为压力大的工作而焦虑，但他们似乎没有做任何事情来解决当前的情况。

沉浸在数据中时，你自然会产生有关产品的想法。将它们写下来（使用单色便利贴来记录这样的想法），但尽量不要花太多时间去生成想法。想法是有趣的，但在这个阶段，你的目标是开发和提取关于行为的洞察。从根本上说，你正在努力研究为什么人们要做他们所做的事情。

这个过程通常需要一个或多个星期。对于8到10名研究参与者，计划需要20或30小时的时间来处理数据。这个过程不需要一次性完成，所以你需要一个安静的有很多墙面的地方来开展这项活动。

**将不同时间段的行为可视化**

随着与数据的接触越来越多，你会发现那些你所看到的经历和活动的细节，以及人们描述的更宽泛的经验正慢慢浮现出来。这些结构通常与工作流程或生活方式的选择相关，并且这些活动（一个人努力实现目标）持续的时间可能很短，也有可能代表某人生活或职业生涯的一个阶段。

你注意到不同时间发生的事件时，把它们绘制出来。在白板或大张绘图纸上画一个简单的图表，显示跨越时间的数据流、情绪和决策。用圆圈表示阶段，用带有箭头的线条表示阶段之间的联系。这些图表并不全面，并且当你制作的时候，也没有什么正式的语法可以使用。你的目标是简洁地呈现在收集的数据中所看到的基于时间的行为。

**做简洁的观察陈述**

借助话语分组和基于时间的可视化图表，你可以通过对观察到的东西进行简要陈述，来展开洞察提取过程。让我们回顾一下乔从他的研究中得出的观察性陈述：

人们似乎都为压力大的工作而焦虑，但他们似乎没有做任何事情来解决当前的情况。

首先，请注意，该陈述对他采访过的人进行了广泛的概括，但他并没有尝试将自己的陈述定性为偏见。在这一阶段，有偏见是完全可以的；事实上，偏见是预期之中的，因为它意味着解读的思想深度。解读时，你赋予数据意义。这个赋予是一个主观的过程。同时，不要忽视你的目标。你是试图创造一些新的东西，而不是预测小数据集如何映射到更多的人口上。这不是一项统计练习。

其次，请注意，陈述只是一种观察，而不是一个解决方案。乔至今也没有提供一种方法来帮助这些人，也不对内容做评价。他只是做一个陈述。

最后，注意陈述、行为和时间之间有怎样微妙的关联。它指出一种心理状态（焦虑），以及一个随着时间推移而延伸的因果链（焦虑可能会解决焦虑）。

这种观察性的陈述是通往洞察的桥梁。为每组你所确定的话语创建观察性陈述。你最终应该得到八到十个观察性陈述。

提取洞察

现在，你可以使用观察性陈述来提取洞察。在设计和创新的背景下，洞察是对真实的人类行为的刺激性陈述。每段陈述都以事实的形式展现，但实际上是一个推理。每个陈述可能实际上都是错误的，因此使用洞察会给研究过程带来风险，但这种风险也有回报。洞察是创新的源泉：洞察是金。得到一个洞察的"灵感"，你会获得一种相当强大的驱动力，来帮助人们改变他们的行为，然后你就能够把这些驱动力构建到你的产品中。

把一系列信号转化为洞察很容易。从你的观察陈述开始，至少对于你观察的人和收集的数据来说，这些陈述是正确的。但对于更大的人群来说，这些陈述不一定是完全正确的。而这些陈述成了洞察形成的基础。

现在，提出和回答这个问题，"为什么？"当你回答这个问题时，你是在推断。你为收集到的数据赋予意义。你的推断可能是错误的，因为这是一个猜测。

乔做了这个观察性陈述。

> 人们似乎都为压力大的工作而焦虑，但他们似乎没有做任何事情来解决当前的情况。

当乔提出和回答"为什么"时，他可能会得到以下推论：

- 人们被困在对日常生活提出高要求的生活方式中。他们有财务支出要求，所以不可能放弃工作。
- 人们实际上并没有背负压力。即使他们有所担心，但实际上压力并没有真正影响他们的生活。
- 人们通常都会意识到他们工作中的压力，但没有特别在意任何特定时刻或日子中的压力。只有在来不及应对压力时，他们才感受到压力带来的不断积累的情感负担。

这些推断都可能是对的，也可能是完全错误的，每个都被说得像是普遍真理一样。一些数据点已被概括总结出来，用于宽泛地陈述为什么人们在做他们所做的事情。乔和你要向前推进，仿佛你们已经找出了一种因果关系，即便你们没有真的找到。

每个陈述都采用权威的语气，即使它们不是归纳出来的有效的论述。这些就是洞察陈述。这种权威的语气有可能将洞察作为确定产品约束的出发点。洞察关乎人类行为，它描述意图、行动、情绪和其他方面的动机。洞察是刺激性的，因为它充当了逻辑守门人：基于洞察陈述，其他事情必须按逻辑跟随。

乔选择了最后一条陈述：

人们通常都会意识到他们工作中的压力，但没有特别在意任何特定时刻或日子中的压力。只有在来不及应对压力时，他们才感受到压力带来的不断积累的情感负担。

现在，他可以用声明性陈述来明确产品约束。产品约束定义了产品或服务应该做什么、怎么做以及应该感觉如何。

人们通常都会意识到他们工作中的压力，但没有特别在意任何特定时刻或日子的压力。只有在来不及应对压力时，他们才会感受到压力带来的不断积累的情感负担。应该有一种方法能让人们看到他们日常的压力变化，以便他们可以经常即时性地调整自己的行为。

这就是产品约束，并且约束程度非常高，它告诉乔要构建什么。洞察能助你一臂之力。设计一个理想的产品并不单单只是有了一个好主意。它是对现有行为进行深入观察，并将这种行为转变为更理想的行为。

花点时间思考一下这个过程。它起始于局部现实，即基于一小组数据的对个体的真实观察。然后，将这些观察结果分组，同时在事实的基础上做出假设和推断性的跳跃，以便得到更多整体的行为陈述。每跳跃一次就离我们所确定的事实远了一步，因此每次跳跃都是有风险的。这是创新的风险：要求人们对人类行为进行猜测，除了猜测之外，还要在猜测的基础上进行构建。跳跃越大，错误的可能性越大，但是更大的跳跃带来了更加意想不到的创新，以及更加刺激、差异化和独特的想法。

你还将注意到，在最初的解读发展到洞察的过程中，乔引入了新的知识和假设。这些增加的东西来源于乔，也将来源于你。这就是经验的作用。你所经历的事情越多，额外的知识越广泛，你就越能在此基础上发展和完善解读，以获得独特和有用的洞察。

洞察陈述应该让人感觉很简单，因为它本身就是很简单。在读一段洞察陈述时，如果你没有花费很大力气就理解了它，你会挠着头问，"就这样？"但是你不可能不通过研究行为、联系、模式和人类的复杂性就获得一个洞察。综合信息墙十分复杂，感觉很困难、乏味和耗时。但是，其结果也凸显出了综合信息的另一面——基于人性和简洁之美的高雅、真理性的创新。

**交流你的结果**

出于一些原因，你可能希望与其他人交流你的理解和共情。你可能在一个团队里，你的目标就是得到一致的结果。你可能是一名顾问，目标是为你的客户带来一个巨大的改变。或者，你可能正在寻找一份工作，你想表明实际上你是有能力促进新产品愿景的。你可能想表达实际发生的事情或你真实看到的事情。

通常，人们会用电子表格或者幻灯片的着重标记来展现，但更好的方法是通过图片，配以真人话语。这能同时提供行为或活动的情境以及意图。人们说什么和做什么，能够提示人们想做什么以及想成为什么。因为把你看到的一切传达出来是不实际的——这需要太长时间，你必须选择一个方面，并解释你的选择。如果你实地考察了两个小时，你就看了两个小时的数据。你为什么选择这 5 张图片来展示？这些图片都有什么有趣的地方吗？它们证明了效率低的情况吗？证明了你想强调的文化规范吗？

你也可能想表达实际感觉到的东西。这些情感很难描述，但不是不可能。单单描述，不足以让其他团队成员感受到你的感受。"我感到难过"这句话并不能表达难过的类型，不足以让团队成员共享你的感受。一般来说，情感最能够通过某种基于时间的媒介传达，因为这为其他人提供了基准线和参照点。媒介可以是视频片段、漫画、时间轴、系列照或者其他基于时间的叙事方式。

你可能想要表达你对发生的事情以及自己感觉的解读。这就是在赋予数据意义，也是你对事情发生原因的反省。解读时，你会开始以新的方式组合数据；引入外部数据资源；并比较、对比和判断收集到的数据。通常，解读需要某些可视化图表——路线图或表格，来说明这些强制和争议的联系。

又或者，你可能想要解读所发生的事情和你的感觉带来的启示。这些启示能作为设计约束，指向新的设计想法。我发现通过草图来说明这些启示是最有用的，就像说："这是对数据的翻译，从实地收集到的，最终形成可操作的设计物品。"即使你是产品研究员而不是实际的设计师，这仍然在你的职责范围之内。人们通常会忽略带有重点符号的幻灯片。而一张草图更有可能被使用，因为它提供了一个尚未完成的未来愿景。观众可以通过在自己的头脑中完成故事来参与其中。

在本章中，你学习了如何与受众建立共情，以及如何从海量的行为数据中提取有意义的洞察。这一步骤将设计主导的产品管理与工程或运营主导的产品管理区分开来；这些洞察是你构建产品愿景的巨大基石。这个过程感觉应该是很自然的，因为它本身就是自然的。有情感的产品植根于人，而非技术。这个过程是为了与人交谈并了解他们。它结合了心理学和人类学来揭示潜在的需要、需求和渴望。完成此步骤后，你就可以开始构建产品战略。我会在下一章中向你展示怎么做。

# 对话全球第一风投公司 USV 产品总监：
# 如何建立核心用户画像

### 关 于 产 品 开 发 的 精 神 和 灵 魂

加里·周是一个有趣的人，在纽约布鲁克林上班。最近，加里·周在纽约市风险投资公司 Union Square Ventures 工作，负责创建并管理投资公司的投资网络。2010 年加入 Union Square Ventures 之前，他在科技公司和初创公司负责产品管理。

他目前还向视觉艺术学院的学生和交互设计项目的美术研究生教授创业设计，并为奥斯汀设计中心提供咨询，该中心旨在通过设计和设计教育来改变社会；他也为 Venture for America 提供咨询，该机构旨在通过创业来振兴美国城市和社区。

在与独立创作者的合作中，周制作了《情人节代理》（SXSW 2011）和《夏令时》（SXSW 2012）这两部由戴夫·鲍尔导演的电影。他经常与音乐家中村哥特（Goth Nakamura）合作开展网络相关的项目。

周不仅资助了 Kickstarter（众筹网络平台）的项目，他也是普世教堂任命的一名牧师。他目前正在准备下一步的动作。

🔊 **加里，说说你在产品管理上的经历。**

我在互联网早期和第一次网络公司爆发期就开始做产品管理。在那时，人们还不清楚如何制造基于网络的软件，如何生产商品，如何利用网络获益。大多数产品生产都遵循压缩包装的软件生产模式，因为这是我们所知道的一切。然后我开始在一家名为 Trilogy 的企业软件公司工作；当时公司正在创建一批网络子公司，其中一家是通过网络销售大型电器。我的职责是定义我们所做的事，基于约束做出决策；那实际上就是产品管理，只是当时我不知道它叫什么。这有点异想天开，因为团队很小，只有四五个人。不过两年后子公司就倒闭了。

我回到 Trilogy，在那里生产了一件产品，然而最后没有推出。后来，我搬到了加利福尼亚，花了几年的时间按自己的想法做事。这些想法是关于如何利用网络来创建社群。那段时间，我还是不知道我在做的是产品管理；我走出门，试图去了解一个社群，想看看如何利用技术来为他们服务。我把目光聚集到湾区的艺术社群。这是在网络成为社交工具，Friendster 和 MySpace 出现之前的事了。我总是对了解人和运用技术感兴趣。这是产品经理行事的核心。

直到我加入一家名为 Tribe.net 的初创公司做产品经理之后，所有这些东西才开始向我汇聚而来。我有幸与克里斯·劳一起工作，我们在 Trilogy 见过，他管理 Tribe 的整个团队。我还与另一名来自 Trilogy 的同事艾略特·洛一起工作，他曾是 Tribe 的产品经理和设计师。那个时候，对我来说，一切开始走向正轨。克里斯在产品方面有很好的背景，曾在微软工作过，有一套收放有度的流程管理和人事管理的方式，并且对纪律有一定的要求。艾略特带来了一种极棒的设计思维——如何为我们想做的东西开发一种语言。这是关于制作东西的更为复杂的学问。我在 Tribe 待了大约两年半。有一条线贯穿我的职业生涯，那就是在某种程度上，我总是倾向于在一家注定失败的公司工作。当你失败时，那就是过程出了问题。你的假设正在面临挑战，你必须制定更好的解决方案，弄清楚什么有用、什么没用。

这是有益的。当你走上一个岗位，一切事情都在向着正确的方向发展，每件事都能成功，但你永远不知道为什么所有事都能成功。我在 Tribe 学到了很多事情不成功的原因。这是一个学习产品管理诀窍的好机会。最终，Cisco（思科）购买了 Tribe 的资产，也并购了该团队。我在 2006 年加入 Cisco。

在 Cisco，我得以一睹在一家大公司工作的情景。在这样的大公司工作时，你可以访问电子邮件列表，了解所有的新闻，以及所有在大型公司中发生的事情。想想我在各种各样的环境里所做的产品工作，这是我生活中一件非常令人沮丧的事情。因为，作为一名创客，总想要成功。当事情不成，你又不明白为什么的时候，很可能感到崩溃和绝望。我很幸运，在我最沮丧的时候，我与纽约的一家名叫 Union Square Ventures 的风险投资公司取得联系。当时这是一个小公司，有不断增长的投资，并意识到单靠合伙人（当时有三个）并不能扩大公司规模来解决他们投资的需求。

他们认识到，他们需要一个在这个领域闯荡过，并且也经历过相当大痛苦的人来帮助他们。他们聘请了我，所以我又从旧金山搬回了纽约。

这个工作最好的地方是给了我空间去反思这些年在产品领域所有的失败经历。我周围都是很棒的人。该公司的合伙人是一些对网络领域最有想法的人，这也是我所关注的领域。

在风险投资公司，你不做任何质量保证、资助或工程的事；你把钱投在产品上。轻松地摆脱了不得不做产品的角色，将我的大脑解放出来去整理以前做过的所有事情。我参与了一些成功企业的项目，这些项目比我之前做过的任何东西都成功。它将我置身在一个完美的地方，来观察什么能成功以及为什么能成功。在此之前，我对产品管理都采取了简单的方法。在 Tribe，做很多设计决策时，我们只是从功能视角出发。但是创建社交网络，主要是为那些有感情和根本上不讲求理性的人做设计。

从产品的角度来看，我的事业经历了一段弧线。我在很多不成功的地方工作过，然后转到一个非常不同的领域——风投，在那里我可以反思所有这一切。

🔊 鉴于这些反思，你现在对产品管理的定义是什么？

我想知道产品管理是否只是因为我们没有更好的办法来描述才想出来的标签。它在不同的地方意味着不同的东西。在某些情况下，人们期望产品部门的主管来推动产品发布或者提出产品愿景或路线图。然而在很多其他情况下，这个愿景由创始人把握。还有一些情况，每个人都想驱动愿景，但如果他们意见不一致，就会有很多冲突。

产品管理是一种使所有事共同前进的方式，是一种确保公司、组织或一群人取得进步的做法。如果他们没有做到，那就是创建功能的方式，或者优先级排序，又或者是他们的工作流程出了问题。通常我们需要借助产品管理来找出问题所在，并确保不再发生。所以我喜欢把产品管理看作一个组织内部的力量，确保人们在一根绳子上取得良好的平衡。愿景来自哪里是随时变化的。

这是一个执行导向的角色。我不知道它是不是关乎战略和技能。但我认为它关乎规矩和文化。在我们的社交圈里都能有能很好地带领团队的人。他们能舒适地管理复杂的人际关系，尊重不同的人。他们可以让大家团结协作。我想不出哪个优秀的产品经理是一个极端或自我的人。作为产品经理，你负责一些东西，但没有控制权。没有人要向你汇报。对此，你可以有几种反应。你可以挥舞拳头说，"我要控制更多，"但你不能这么领导。很多事情会发生，特别是在一个复杂的组织里，感觉就像它在不断前进，而掌舵的人并不一定能使它前进。这就是我如何看待这个角色的。对我来说，很难想出一本列出很多有效战略的手册，因为这更多是由个性驱动的。

🔊 **角色主要是由个性定义的，这个想法很有趣。这也引发了这样一个问题：产品经理实际上是做什么的?**

两年前我对这个问题的回答可能会截然不同。当我第一次来到 Union Square Ventures，我参观了他们投资的公司，开始思考他们如何做出产品决策，过程是怎样的，以及他们如何制造产品。所有公司的做事方法都不一样。在我的脑海中，有一个非常天真的反应：我想，"嗯，你做错了，你做错了，你做错了，你做错了……"我如此品头论足是因为我的经验；我想，"我十年的经验总得有点用吧？"事实是，没什么用。

对这些公司来说，重要的不是用我喜欢的方式做事，而是他们每个都找到了一种有效的方法，一种遵从创始人个性和公司文化的方法，因此他们能够取得进步。所以我会根据他们是否取得进步来判断一个过程的价值。在一家公司能够起效的工作过程，在另一家公司可能完全没有生产力。

产品经理有共同的特质——摒弃控制欲，产品经理越想控制情况，就越不成功。另一个特点是提出好问题的能力。如果你能提出好的问题，你就能提出挑战，因为你对你想解决的问题有了深入的思考，而不是因为你沉迷于在团队中和在世界上维护你自己的观点。

这些特质让人充满效率。

🔊 你提到了特质，听起来好像所有产品经理在性格或个性上有一致性。你能列出或描述那些特质是什么吗？

比那更复杂。许多处于早期阶段的公司并没有强大的产品引导，因为有时这个职能被归入创始人在做的事情。可能由高度产品导向的创始人来管理这个过程。可能有一个工程负责人在流畅地管理产品发布的整个过程，所以他也承担了这些角色。为什么我要回溯到这个想法——尝试去理解特质，而不是职能？这是一部分原因。因为这些组织的结构看起来完全不一样。

最终扮演产品角色的人最接近他们试图解决的问题。Union Square Venture 投资的许多公司，他们发明的东西没有什么用途。他们写不了一份产品需求文件，也无法说明"这是我们要去做的产品，这里是市场，这里是我们推出的战略"。这些创始人太凭直觉做事，最后导致了这令人难以置信的结局。这有点像一个科学家和几个自由职业者一起玩，然后就像这样，"哇，我现在有种感觉——它看起来能成事。哦，看，三个星期，它有进展，三个月后，它仍然有进展"。

🔊 你说这个的时候，想到什么具体的例子吗？

我在想 Union Square Ventures 如何在网络领域投资。Tumblr、众筹平台 Kickstarter、网络手工艺品商店 Etsy 和推特就是这样诞生的。这些产品是创始人和用户一起做出直接决定的结果。用户参与其中，并且和创造它的人一样扮演了重要角色。推特就是最好的例子。@ 回复、转发和主题标签都不是创始人想出来的。它们是衍生行为，用户群体创造了这些做法。只有他们坚持，公司才能生产出来。有一种关系你必须拥有。你是这东西的牧羊人，但你不是工程师，创始人是牧羊人。某些原则可能引导他们做出产品，但他们实际上不知道它的去向。他们最能理解他们表达不出来的东西，这不是功能导向的。创始人不是功能性的或理性的。如果你负责产品，产品必须建立在你所相信的原则之上。也许你对原则有怀疑，但你必须意识到它们是什么，然后产品就会秉持那个原则。

Tumblr 不是一个博客平台。它是一个人们表达自我的私人地方。它也有点像我们所说的博客平台，因为这是我们在网络和社交软件上表达自己的主要模式。如果从功能的角度来看，我会创建评论和关注功能。但当大卫·卡普创立 Tumblr 时，他不想让人感觉不好。如果你正在创立一个自我表达的积极的地方，你不希望人们不舒服。

如果你开了一个博客，只有一两名关注者，为什么要公开宣扬呢？这会让你看起来像是没什么朋友。但是即便你只有几个朋友，你仍然可以在 Tumblr 上获得很棒的体验，因为你没有暴露自己。有了评论，就像我们在视频网站 YouTube 上看到的那样，就会充斥着关于仇恨、种族歧视和各种消极的东西。人们在你的网页上大放厥词。如果我想在 Tumblr 上说一些不好的话，我必须重新编辑一遍你的整篇文章，然后加上我负面的评价；只有关注我的人才能看到，而不是关注你的人。

两三年前，我会评价这是一个过于复杂、令人费解、不好用的系统，是未经深思熟虑凑在一起的，但现在我认为这些决定实际上是非常高明的，是基于你想要人们获得什么样的感觉。我以前的心态是"不要遗漏任何数据库表格"。你在数据库中有一个字段，所以你必须围绕它建立一个功能，否则，小猫咪就要死了。我用非常注重功能的眼光看待社交系统的建立。但它真的应该从感觉出发。

这又回到了文化。可以说，在 2004 年，我就受到启发看到了这一点。当时身为产品经理的我并不能实现它，因为西海岸文化大多是工程导向的。思考社交系统的主导思维模式是从功能视角出发的，这片区域以此闻名。来自 Tumblr 的卡普不是产品经理，他是公司的创始人。他能够将其转化为组织的基本原则。如果你不这样看待世界，你就会在那家公司做得很辛苦。

大多数人把 Tumblr 比作 WordPress，是因为他们把 Tumblr 看作一个博客平台。WordPress 是一个博客平台。它的微妙之处在于开发者的经验，这就是产品的来源。使用插件或主题，或为 WordPress 提供补丁的方法都经过深思熟虑。WordPress 中的群体是在开发者一方，而不是在受众方。在 Tumblr，是在受众那里。如果你做一个根本原因分析，就会发现马特·马伦威格非常依赖于开发团队来构建 WordPress。这就是为什么产品演变方式是这样。但卡普的关注点在不同的用户群，这就是为什么这个产品的演变方式是那样。马伦威格是他那个社群的牧羊人，卡普也是他那个社群的牧羊人。我用"牧羊人"这个词来形容产品管理的角色；它可以处于组织中的任何地方，并会根据其所在位置产生不同的影响。

 **你使用的词是感性、模糊和主观的。那你能不能比较一下让你的思维变得更定性的这种经历与在 Cisco 这家传统大型公司工作的经历？**

很难说。我不能概括地说，"因为我在 Cisco 工作过，所以任何一家大公司的产品管理都是这样"。我记得有一个故事，是关于团队里每一个知道在做什么以及为什么这么做的人如何构建成功的产品。你可以随便问一个工程师该功能怎么融进整个产品中。

 **这不就是NASA的故事吗？你可以问NASA的门卫，他会说："我们把人送上了月球。"**

是啊，没错。当你管理更大的团队时，困难程度也会呈指数级增长。这就是为什么一家两三个人的创业公司可以绕过一家大公司往前走；在小团队里，更容易让所有人达成共识。每个人每天都在做决策，这些决策都会轻微地影响你的大方向。而在 Cisco，你面临的挑战是你有一个团队，该团队围绕着另一个团队；身处一个业务部门，此部门还受其他业务部门的影响；有许多力量在起作用，很难保持专注。对于每个人来说，很难知道自己在做什么，为什么要这样做。

在那个模式中，侥幸成功的可能性很小。一切都必须被理智地思考和执行，因为这是大型企业在做的。这是一种工业化的生产方式。但是，现有的许多好东西都来源于人们不断搞砸、发现和探索的过程。失败使你想到曾经从未想过的东西。你需要做好准备。这是一家初创公司有优势的地方——他们允许这种情况发生。在一个大公司，满载着那么多的期望，有太多的外部因素，自然不允许这些事情发生。

🔊 **我们关于情感和直觉的对话好像与结构和功能的对话不一致。**

它是高度针对某种发明的。如果你正在制造电视，也许这些东西不适用。也许它们适用的场景不同。但是，如果你正在为具有社交性的人进行构建，你必须考虑它的含义。它能让你具有人性。

🔊 **对，但我们在谈论软件。它是无形的。它是比特和字节。**

我们在谈论软件的应用性。如果你打算为路由器和交换器构建软件，你可以做一些在为人类构建软件时不能做的假设。此外，如果你只为我制作软件——像一个待办事项列表或某种实用程序，你可以做出不同于为了联系两个人而构建软件时的假设。

软件不是要重点关注的部分。这种错误时常发生。在一种情况下构建软件的方式其实适用于各个时间和行业。早在 1998 年和 1999 年，人们就在会议上讨论为用户着想的重要性。这是因为，网站和应用程序一个接一个出现的体验是很可怕的。现在我们不再讨论这个了，因为每个人都知道用户很重要。每个人都知道你必须在设计时考虑他们。人们已经听说过这个可用性研究领域。今天构建产品的专业人士当年还是孩子，那时成年人为他们构建的是垃圾产品。他们知道这有多糟糕。

现在，已经从知道用户的重要性发展成了直接说出"你真的应该考虑人们的感受"。Etsy 是 Union Square Ventures 投资的公司之一，去年它做了一件很有魅力的事情。它成为一家认证的 B 型企业。B 型企业的概念是，允许更改公司章程，所以在做决策时，不仅考虑股东，还考虑利益相关者。以前，如果你没有变成 B 型企业，如果我作为领导提议以一个很好的价格收购 Etsy，那么你必须考虑这个提议。如果你基于与财务无关的理由拒绝，你就有可能会被起诉。

考虑利益相关者的这个想法出自 Etsy 的信念，它坚信网络的价值与该网络中每个人的价值息息相关。它的公司利益与用户利益是一致的。这是一个从十年或十五年前就开始发生的演变，在那时只有用户是重要的。

🔊 **这是一个演变，但同时也是罕见的，很少听说有公司做你刚才描述的事情。我不知道这些观点是否可以教给别人。**

我们能教别人去关心别人吗？这更多是关于一个人成长的过程。他们的价值观是什么，他们的信仰是什么。我经常听说产品经理的定义是"用户的拥护者"。这是一个常见的定义。但它表明一定有不拥护用户的产品经理。这就像蝙蝠侠——没有坏蛋就没有蝙蝠侠，他们彼此需要。这是一个关于我们应该如何做东西的反乌托邦式观点。我们为什么不能开明一些？

我看到越来越多的组织架构必须考虑人。这听起来像是一句简单的话，但意思是，组织结构用不着都一样。它们就像雪花。

** 产品管理结构似乎非常没有结构，且高度直观。我们不需要容器或规则，每个人的做法都不同。但如果没有头衔、规则或职位描述，工作如何完成？**

基本上，你的问题就是每个人每天都在做什么？你在一件事上投入的越多，就会有越多的摩擦。摩擦越多，就要做更多的事来解决它。如果你想在网络上为数百万人创建一项服务，你可以使用现有的框架，用云服务来存储数据。你不需要一个 5 人团队来管理这个过程，一个人就够了。但是，随着科技的演变，人际问题没有变化。15 年前的人力资源问题依然存在，创始人之间的不和，产品经理和工程师不匹配，新人学习得不够快，组织不培养实习生，雇用的营销人员不了解产品乃至于不知道如何宣传，漏洞没有解决——15 年来这些问题一个都没有解决。问题依然是问题。关于人的问题依然没有改变。产品管理的核心是：减少人们之间的摩擦，确保所有人都齐心协力。

◀€ 那么，你会跟一个 22 岁就想进入产品行业并且想学到一些专门技术的人说些什么呢？

我刚进入产品这行时，对组装功能感到很兴奋。我的很多队友都对制造单个的功能感到兴奋，但我当看到零件组装在一起时就很激动。有时候，你会做自己从未想过的事情。有时我做检查代码的工作，因为产品发布缺少人手。有时我去购买服务器，因为我们需要有人做这件事。你为了团队的发展填了很多坑。

一个 22 岁的人应该亲手做一些产品。15 年前，这并不一定是可以选择的。但是今天，你可以在网上免费学习代码，可以在网上免费创建服务，也可以在线免费向人们推销你做的东西，你甚至可以免费在线筹款。所以你可以体验这种经历，最终你会意识到，"这部分我做得不像其他人那样好，但我会想办法赶上"。如果成功，很棒，你有自己的生意了。如果失败，你也有了一个很棒的经历和故事，让你更能获得需要你这样的人的团队的青睐。

◀€ 所以这是一个自下而上的教育计划：尝试把握整体，看看会发生什么。

有细微差别。你有足够强的好奇心吗？好奇心会让你发现团队中的漏洞，并引导你获得下一个洞察。去做假设，去了解数据表明了什么。我在 Tribe 时，一名数据库管理员给了我一个"钥匙"。她建立了一个灵活的生产数据库的复制版本，一部分是因为我搞砸了太多次系统，所以她给了我一个属于我自己的系统，我可以在上面写任何我想写的代码，使用实时数据构建原型，做我自己的研究。这种好奇心使我有能力解释某些事，然后让人们审视一个新想法的可行性。现如今我们花了很多时间谈论产品经理怎么成为团队的支持者，但另一方面，你需要一个有才华和动力的人对你正在构建的事情充满好奇。这一点同样重要。

🔊 **那么市场呢？这个好奇心如何延伸到公司之外，到达你所做东西的潜在市场中？**

让我成为一个平庸的产品经理的一部分原因是，我不是来自任何我为之构建产品的社群。有趣的是：更积极地参与到我设计的社群中，本来能让我成为一个更好、更有效率的产品经理的。我离我的设计对象太远了。当你这样做时，你的设想是基于刻板印象，极大地受言辞和潮流的影响。你不会建构出真正受设计对象启发的东西。你必须找到了解市场的方法。如果你整天闭门不出，你将不会到达任何地方。你可以称这种行为为研究，但如果你正在试图为其他人构建软件，你必须想尽一切办法了解他们的生活是什么样子，什么东西能激发他们；这是完全非理性的。

在你试图把一个理性框架套在思考上的那一刻，你就失败了，因为人们不会这样想。特别是与社交相关的东西。情感不是理性的概念。如果你在屋里坐一整天，你所做的就是想出一个关于世界如何运行的理性框架，但世界并不是这样的。

我在 Tribe 时，韩国首尔出现了一家名为 Cyworld 的极具竞争力的公司。每四个人中就有一人使用这个平台，当时我根本不明白。它在 2004 年是如何获得如此高的普及率的呢？这个产品很奇怪；它是一个虚拟之家或虚拟公寓，你可以和别人交换虚拟物品或者送给别人虚拟礼物。如果你是我的朋友，你要参加一个考试，正在努力学习，我可以给你一个虚拟沙发作为礼物。如果你在首尔待上一段时间，就会明白：很多人都住在狭小的空间里。如果是这样的话，那么自然而然，某个人的渴望会以一种空间语言的形式呈现出来，即这些纽约风格的阁楼和房间，在里面，你可以将空间和物品当成一种独特的表达方式。

理解了 Tumblr 后，我才想通了 Cyworld 的意义。它是通过共享媒体来表达自我，而我之前只从有限的视角来思考身份和自我表达。

要理解这个，你必须去一趟首尔，观察人们做这些事情，放弃你为自己产品所做的假设。这真的很难，特别是当你正在构建产品的时候。当你构建产品时，就会太过集中于一件事情，而对其他事情视而不见。

我们应该鼓励人们探索他们好奇的问题，即使他们不知道该叫它什么。互联网是如此多变，它会带来新的事物种类。这些新的事物种类有时看起来像我们以前看到的老东西，但有时它们是全新的。我们不能给它贴标签，并不意味着它是无效的，例如搜索引擎。回到 20 年前：没人知道什么是搜索引擎？

🔊 **但是，一旦你看到一个东西存在，你面临的诱惑就是创建一个囊括这件东西所有功能的小电子表格，以此发现市场的空白，并通过分析找到填补空白的方式。**

遇到新事物时，我们试图用我们所拥有的词汇表述它们的特征。这是尝试理解它的一种方法。理解搜索引擎更好的方法是尝试构建一个搜索引擎。因为这样做，当你碰见一些很细节的事情时，你可以说，"我需要在这里做一个设计决定。我必须决定是显示十个结果还是一个结果，我必须决定是显示全新的东西还是显示之前的东西"。所有考虑都会涌进来。更好的途径是：构建你自己很好奇的东西。因为这样即使你失败了，你还会学到一些关于这个过程的东西，它会引导你做下一件事，再下一件事。几次循环下来，你就会得到别人从没见过的东西；他们不能描述它，也许你也不能。

这是活在这个时代的优势。二三十年前不可能有这样的事情。

🔊 **它不是技术上的，也不是文化上的，因为基于情感的决定是反主流文化群体所做的。他们没有受到尊重。**

如果你在二十或三十年前创建乐队，你可以有意识地决定乐队的类型。这是展现自我、吸引人们注意力的方式。但今天，音乐变得无类别化，它是诸多风格的组合。这些音乐不是有意识的决定。没有人醒来说，"我要组建一支乐队，其中包含 30％古巴放克（Cuban funk）元素，20％的古典元素……"你必须对你所做的音乐负责。

🔊 **这是一个看待产品管理和创新的极具艺术性的方式。**

我从来没有比现在更加看好拥有艺术硕士学位的人，因为我在加速器和孵化器市场上看到，这些人正试图获得成功。这不仅发生在公司，还发生在教育机构。人们明白，一个巨大的变化正在发生，他们正在试图重新定位自己，努力将自己融入过程中。但是这依然假定正在发生的事情是一个理性的过程，虽然事实并不是这样。

# 04

为产品赋予灵魂

乔的心情很好。团队已经达成了一个重要的产品愿景。他列了一些设计限制，并画了一堆帮助解决这些限制的手绘图。这个想法很简单。LiveWell 的服务器会在一天内向用户发送短信，询问他们当时的感觉。用户可以通过短信回复一个简单的分数（分值区间为 1~5）。同时，该应用程序将接收通过各种途径输入的数据，如来自像 Nike+ 或 Fitbit 手环这样的关联产品，用户在脸谱网和推特上的状态更新，以及日历或者邮箱。然后，将它们混合在一起，为每个用户生成每日建议：去认识、实践和学习一些东西，让每一天里用户的感觉和所做的事情对应起来。这个建议简要合理，并且有团队研究的支持。更重要的是，乔认为此类应用程序在市场上大有空间。

乔还很兴奋，因为公司规模正在扩大。他正在招聘一个交互设计师，开发部门也准备引进一个新的开发人员。产品开始有了正式清晰的发展道路，是时候开始构建它了。

但是在他脑海里还有一点不确定的迹象，乔想起了上一份工作的经历。当时他的团队试图推出一个新产品，乔无法向开发人员传达产品的感觉。当时的团队已经构建出了特点和性能，但最终产品缺少一种感觉，一个灵魂。结果他们失败了。

## 确定产品的核心价值

设计战略是一个长期计划，注重如何最好地利用技术。设计战略的手册描述了实现产品或服务的价值主张的途径。在一个行业中，设计战略与商业战略［根据市场动态和竞争预期确定构建什么；哪些知识产权（IP）可以利用；哪些核心竞争力可以使用］以及技术战略（架构、安全性、平台等）相互补充、相互交叉。这是一个角度，就像商业或技术。这三个战略其实密不可分。

宝洁公司前创新业务首席设计经理乔什·诺曼这样描述宝洁公司的流程："在宝洁这样的大公司，设计师和设计经理是有原则、负责任的，他们开展工作时讲求战略，相互依赖。他们必须考虑当下，也要有长远意识。他们注重直觉和感性，也有一个明确的流程来达成共识。他们积极'感受'趋势和动向，并将这些作为情境案例与团队和管理层分享。这些案例能够影响思维和业务选择。"对于诺曼来说，设计是商业战略的基本组成部分，而不是无关的事情。他继续说："当一切一拍即合，优秀的设计能简化复杂性，超越任何单个项目或产品：它变成一个美丽的综合产品，组织中的每个人都对它有似曾相识的感觉。设计会影响平台和产品线，帮助目标消费者和技术需求，建立品牌认同和设计语言，并创造超越角色或任务的鼓舞人心的战略。当别人因为你的工作获得奖励，回头把产品展示给你，并且比你诠释得更好时，你就知道自己这个产品经理已经做得很好了。"

　　许多初创企业完全回避了正式确定一个战略的想法，可能是因为他们没有时间。他们的战略，经常被日常事务掩埋，或者分散在各种文件中，如融资演讲稿、网页和各种 Word 文档。更常见的是，它存在于几个创始人的对话中。在大公司，一个战略通常形成于管理层，随后在流传至整个公司的过程中被细化成小的战略需求。然而，这种方法在设计战略的情况下不起作用。设计战略完全是关于细节的，所以全面和具体地制定战略是至关重要的。

　　设计战略体现了你的产品和服务将会给人们带来怎样的价值，以及你为了实现这一目标要采取的宽泛步骤。通常，这些宽泛的步骤涉及技术，设计战略的焦点是弥补技术的缺漏，或者降低人们与技术交互的临界点。设计战略是一种讲故事的形式。这些故事讲述了技术如何消失，以及人们如何体验到一个乐观的未来。

　　想象一下，你是一个社会企业家。你的使命是消除贫困，愿景是一个平等的世界。你的战略可能是在未来 12 个月内推出一套旨在解决无家可归者的心理、生理、社会和精神需求的新服务。商业角度说明如何获得财务上的可持续性（不幸的是，大多数非营利组织和非政府组织的战略是"获得补助金"，这是不可持续的，并且需要大量的开销）。技术角度展示你将使用到的短信发送结构，或者为社会工作者的新型网络平台。设计角度强调用法叙事——无家可归者和这个服务将如何相互作用，他们会经历什么样的体验，以及服务将如何随着时间演变。设计战略是一系列故事，随着你的产品和服务的发展而发展，并阐明产品的价值主张。

在这种情况下，设计战略可能会去描述新的对等网络学习平台将如何帮助无家可归者获得自尊，新的综合简历系统将展示如何为重返岗位的人提供福利，以及新的基于短信的系统如何使得无家可归的人获悉过夜之处，并将结果传送给社会工作者。设计战略描述了一条通往目标的途径，强调的是对人的价值。

与任何其他战略一样，设计战略也应该以工件的形式确定下来。换句话说，如果你不把它写下来，没有任何人会记住它、相信它或遵循它。由于战略是关于未来的情形，把方法和目标纳入其中是很有用的——展示出能用来实现战略成果的方法路线图以及预期的战略目标。

幻灯片是制定大多数战略文档的首选媒介。但是战略文档太重要了，不能屈尊于这种传统无聊的媒介。为了使效率最大化，做一个巨大的价值活动落地路线图。当你打印得足够大时，它们就真的活了起来。人们忍不住注意到它们。如果你在大楼的大厅里挂了一幅 30 × 15 英尺大小的路线图，你可以赌，人们肯定会注意到并谈论它。他们会消化整个路线图，并且意识到这一战略是长期的，需要耐心。如果一个战略配有行动时间表的话，会让人感觉有可行性。它同时展示了愿景和现实。（你会在第 6 章中学到这样的例子。）

设计战略需要三个工件——一个情感价值主张、一个概念图和一个产品路线图，然后将它们组合成一个工具（在接下来的两个章节中你将学习如何制作这些工件）。要记住设计战略不仅仅是一种工具或文档，它具有提醒你目标的强大作用。一个良好的战略能够融入公司的基因，并成为战略执行者的第二属性——我们为什么做我们正在做的事情？它们之间有什么关联？为什么我在繁杂的工作中还要去管用户界面这样的小事？原因是：它能不断构成一个更加强大、目的性更强的意图。设计战略给你一个努力工作的理由。

## 建立情感价值主张

设计战略的第一部分是情感价值主张。价值主张是为用户创造价值的承诺。承诺会全面地传达给用户；它在价值线中是显性的（通过营销传达），也隐含在定义和塑造产品（通过产品使用传达）的设计决策中。

要了解你的价值主张，提出并回答这个价值问题：一个人在获取或使用你的产品之后，可以做哪些他在获取或使用产品之前不能做的事情？

价值通常在经济意义上被描述为创造出来的财富形式，例如金钱，或者另一种稀缺资源——时间。因此，从实用性的角度来回答价值问题，描述你的产品能帮助人们做什么事，这很诱人。例如，如果你刚刚创建了一个搜索引擎，打算与谷歌竞争，你可能会描述你的产品如何"帮助人们找到信息"。确实言之有理。这就是谷歌使命宣言的一部分，"组织世界上的信息，使其全球共享共用"。它公布的价值线、搜索、广告和应用程序，很好地照应了这一点。

谷歌的价值声明是关于完成工作和提高效率的。它非常清楚、直接，并且很容易跟踪和测量。你可以将价值声明作为新功能的审查标准，甚至可以用于公司的组织架构。当有人对新产品产生好想法时，你可以问："这个新想法如何支持我们搜索、广告和应用的价值线？它将如何帮助人们找到信息？它将如何帮助组织世界上的信息？"

但这些实用主义的价值评价只是故事的一部分。用户会购买或使用一个特定的产品，不仅是因为它的用途，还因为它给他带来的感觉。若要理解产品和人之间的情感联系，想想感觉、愿望、欲望和梦想。问一下这个修改过的问题：在获取或使用你的产品之后，会有什么在获取或使用你的产品之前没有的感觉？

乔的价值主张是这样表述的：

> 使用 LiveWell 之后，人们可以更好地在任何时间跟踪他们自己的感觉，并将这些感觉与他们生活中的事件或活动联系起来。

乔的情感价值主张是这样表述的：

使用 LiveWell 之后，人们会感觉到与他们自己的身体节奏有更紧密的联系，并感觉能更好地掌握自己的心理健康。

## 创造产品个性

设计战略的第二部分是关于确立产品立场。这种在数字产品中常见的高度主观的特性介于品牌和实用性之间。产品立场是你的产品所采取的态度，是它的个性。立场是制造和设计出来的。一个特定的产品立场表面上显示出特征、功能、语言、图像和其他形式化的设计特点。立场类似但不同于市场适应、可用性和实用性。立场可以有意或无意被应用。它可以从现有的品牌语言演变而来，或者可以从头创建。至于产品立场，可以从对用户的理解、对市场的理解，或从设计者的态度和方法上演变而来。产品立场是关于情感的。

但情感很难具象和量化，很难在分析型环境（如企业）中找到有关情感的对话。即使这些对话发生，人们也会觉得很难展开和理解，因为对话内容是高度主观的，讨论的结果也是模糊的。如果团队成员希望人们在使用特定产品后感到快乐，他们很难立即将其转化成可执行的能力或活动。与其直接考虑情感，不如将产品当成一个人来开发产品立场。如果你的产品是有生命的，它会是个什么样的人呢？它在令人焦虑的情境中会有什么样的态度？它将如何应对威胁？你的产品在会议中会是什么样：是创新型的，还是分析型的？会引导会议还是坐在后面涂鸦？尝试通过想象产品的个性，来赋予产品生命。

你的产品显然不是一个生物，但当人与之接触时，产品自然会经历一个拟人化的过程，人的特点会被赋予无生命的产品。最简单的就是，如果你的应用程序崩溃，用户会诅咒它下地狱。随着时间推移，拟人化的进程会建立更为复杂的产品关系。试图理解想要的产品立场时，你自然会考虑基于时间的互动，你会把人与产品之间的关系框定为对话而不是产品的独白。

一旦你已经习惯了你的产品可能有立场这种想法，就可以开始描述这种立场应该是什么了。首先，确定你想要你的产品呈现给世界的愿望情感特征。有很多方法来确定这些特征，如何确定这些特征将在很大程度上取决于产品团队的风格和文化。这是一个有着分析和工程设计方法的团队吗？这是一个向市场寻求指引的团队吗？这是一个只有你一个人并且由你来推动产品开发的团队吗？或者，你是否已经拥有一个承载着现有态度的品牌了？（确定现有态度的方法见表 4-1）。

确定四五个极为具体的个性就好了，越具体，就越有效。例如，将雷克萨斯和 Mini Cooper 的理想情感特征做一个比较。雷克萨斯是一个奢侈品牌，但"奢侈品"只给我们一种模糊的感觉。雷克萨斯希望自己豪华、性感、腼腆、高冷、优雅、飘逸、浪漫，以及微不可及。相比之下，Mini Cooper 表现出孩童般的好奇、洒脱和轻盈，它想要的是精神充沛、轻松、好玩和自由。我们知道这一点是因为我们可以分析汽车本身、汽车的广告和购买经历。现有的品牌语言提供了关于产品立场的线索。

表 4-1  确定现有态度

| 如果你为一个成熟的大型公司工作…… | 你的品牌语言已经存在，并且你已经有市场品牌洞察力…… | 这种现有的品牌语言将直接带领你获得具体的情感特征。 |
| --- | --- | --- |
| 如果你在工程师文化中工作…… | 该团队期待并尊重分析型的处理方法…… | 你需要根据数据将你选择的愿望情感特征合理化。 |
| 如果你在市场营销驱动的文化中工作…… | 该团队将着眼于竞争和整体市场格局…… | 你需要将有机会的市场空白可视化，以证明你所选择的愿望情感特征是合理的。 |
| 如果你在一个小团队里工作…… | 你将有很多的自由自己做决定…… | 你需要对你想让产品传递的情感类型有较强的主见。 |

现在，使用愿望情感特征来建立情感需求。与功能需求一样，这些情感需求描述了你将要构建的产品或服务的各个方面，并且像功能需求一样，你可以在产品完成后测试这些需求是否已经被满足了。这些情感需求以事实陈述的形式呈现出来——"我们的产品将……"，你可以将这些需求引入已经使用过的相同的情境、要点或缺陷跟踪系统。然而，情感需求和功能需求之间的区别是，情感需求是无所不在的。它们存在于每一个使用案例中，在产品的方方面面，并且决定、描述和人为地包含了所有紧随其后的其

他产品、质量、可用性、运营和设计决策。简而言之，它们胜过一切。

推特的设计主管、微软前创意总监迈克·克鲁赞尼斯基说，这些情感需求是产品的"灵魂"。不管出于时间、预算或市场限制放弃了什么，这些东西都不能被摒弃，不然你就没有产品了。当我问他如何理解产品灵魂时，他把产品灵魂描述为一组最低限度：

> 产品灵魂实际是三样东西的最小组合：产品做什么、怎么做和形式如何。形式上的风格属性赋予产品的功能以生命——但它们自己不能独立存在。
>
> 作为设计师，我问自己："什么功能是我可以抛弃掉后产品仍可以实现目标的？展现产品个性所需的动画或动作最少是多少？我怎样才能只使用最少量的美学元素就能使我的产品与众不同？"
>
> 这些最低限度达到很好的平衡时，就揭示出设计团队是如何工作的。产品也不再只是一个产品；现在，它拥有一个故事。它告诉你设计师最关心的事，他们做决策的方式，他们的性格，以及他们认为重要的事情。当你使用一个产品，并感觉与它的制造者有了一些连接时，我认为这就是你开始感受到产品灵魂的时候。

从雷克萨斯的特点可能可以推断出以下情感需求。

我们的产品将永远在人群中享有尊重。

我们的产品将有极致的触感，几乎让人欲罢不能。

我们的产品将诱惑用户做一些稍微出格的事情。

我们的产品将让用户有一种掌控感，但实际上是产品在控制用户。

这些陈述听起来好像产品就是一个人。它们为无生命的物体创造了一种身份感。它们成为人格结构。之后，你会使用情感需求作为一组限制来确定产品功能、定价、内容战略以及发布优先级等等。

这些要求成为你讨论和选择产品功能的依据。产品是不是要用高饱和度的荧光色，或者，鉴于上述要求，更感性、丰富、柔和的色调是否更为合适？速度计应该遵循标准设定吗？还是高得荒谬一点，比如220英里/小时？天窗应该可供选择，还是作为标准配备？

此外，这些需求成为讨论并选择产品交互模式和美学细节的标准。手动车窗摇柄于雷克萨斯没有任何意义，车体上轻微的内凹，极度细腻的纹理和具有凹槽细节的平滑过渡似乎是对的。皮革？当然！考虑到这些情感特点和需求，你怎能不使用皮革？

这些情感需求成为争论的仲裁者，也是产品团队向前迈进的方式。产品活了，因为它现在有了个性。它不再是无生命的，它对自己应该如何被塑造有了主见。产品中的主要情感矛盾和朋友间的矛盾一样出乎意料，一样难以合理地处理。

我们的虚构人物乔为他的产品开发了以下这些理想情感特征：

我们的产品想要的是：鼓励、轻松、温暖、可靠和随意。

他将这些特质解读成如下这些情感需求：

我们的产品将以聊天式、自然的对话语言与用户交流。

我们的产品将预测负面的情绪反应，并提供方案来缓解这些反应。

我们的产品将帮助人们减少孤独感，增加亲密感。

我们的产品将始终对用户肯定。

## 产品立场取决于框架和试用

强大的产品立场充分利用了两个最重要的产品开发特质：框架和试用。

框架是关于情境、人或产品的活跃视角。我们每时每刻都在把经历定格，这是我们体验生活的方式，通过积极思考周围不断变化的情境，在特定的情况下自动启用我们的视角或过滤器。设立框架是人拥有的一部分特质，虽然在文明中"客观"是永恒的需求，但客观很可能是一个无法实现的目标，至少在经历某些事情的过程中是这样。

试用是为了探索而探索，检验和思考不同的结果，看看产品会发生什么。试用意味着经常探索和怀有好奇心，并渴望去尝试。

在产品开发的情境中同时考虑框架和试用时，你会有机会从新的角度重新框定一个情境，来看看会发生什么。当你为产品设置新的框架时，你要求它以特定方式行动，就好像它具有了某种自主的个性。如果个性保持不变，并且产品真的拥有丰富的情感立场，用户将体验到与产品的丰富互动。如果用户体验到了产品共鸣的产品立场，那么理想情感特征将实际地转移给用户。一个有趣、刺激、意想不到的框架将与一个喜爱玩乐、追求刺激和惊喜的用户产生共鸣。换句话说，通过使用具有这种立场的产品，用户行事将变得更有趣、刺激和出人意料。

我特意使用非数字产品——汽车作为例子。汽车的美学是显而易见的，所以关于个性的决定是显而易见的。数字产品更加微妙，这种立场产生持久和深远影响的机会常常随着数字输出的规模和范围的扩大而扩大。

几年前，汉堡王与广告公司 Crispin Porter + Bogusky 合作开展了"巨无霸的牺牲品"活动，让 Facebook 用户删除他们账号中的好友，以换取免费的汉堡包。如果你删掉了一个朋友，比方说是乔，消息就会显示在你的 Facebook 的主页上——你认为一个免费的汉堡包比你与乔的友谊更值钱。"巨无霸的牺牲品"活动是一个产品，该产品展示了非常无礼的产品立场，这种无礼转移给了成千上万选择牺牲朋友换取汉堡的用户。这是一个旨在加强情感价值主张和设计战略的产品决策。

负责这项活动的 Crispin Porter + Bogusky 公司执行副总裁马

特·沃尔什解释说，这种造成紧张局面的想法是："我们所有品牌理念的基础，是我们发现用户品牌中所蕴含的公平和真相往往与文化感知或短暂趋势背道而驰。他们的产品真理与人们理解的真相相互冲突，紧张局面由此而来。而我们可以利用它，如果我们以与文化习俗不一致的方式构建产品真相，就会创造出紧张的局面和潜在的能量，最终以文化对话和重新评价产品、种类和周围世界的形式释放出来"。

　　MailChimp（邮件猩猩）是一个为电子邮件列表群发邮件的工具，它像一个有着奇怪幽默感的损友。当你预览邮件时，如果窗口拉得太大，猩猩的手臂就会掉下来。这是一个旨在加强产品立场的产品决策。MailChimp 的首席执行官本·切斯纳特解释说，这些决定最初是为了"宣传该公司是一个对有创意的程序员和设计师来说有吸引力的工作场所"。MailChimp 的用户体验总监阿伦·沃尔特则说，切斯纳特是"想出了有趣的方式来展示他们的电子邮件窗口可以有多宽。他们想到了那些狂欢节骑行的标志，显示了'你得这么高才能骑'。预览是在一个大小可调整的弹出窗口中，所以他们认为如果猩猩的手臂能随着窗口延伸会很有趣。但到了某些程度，这看起来就很滑稽了。它的手臂伸不了那么远！"

　　在这两个例子中，为了通过情感需求来支持产品立场这一目的，产品中增添或使用了非实用性功能。这种需求可能表现为故事、动画或玩笑的形式。

# 持续与用户互动

除了情感价值主张和产品立场之外，设计战略的第三部分，是对类似的情感体验的理解。

首先，思考一下通过研究确定的洞察和目标。如果你在医学领域工作，可能已经描述了诸如"人们希望尽最小的努力保持健康"或"人们不理解或不信任医学术语"等洞察。可能已经确定了诸如"安全治疗疾病"或"了解治疗计划"等目标。作家阿兰·库珀观察到"当技术发生变化时，任务通常会改变，但目标保持不变"，所以这些高层次的目标与解决途径无关。

根据你的洞察，描述当人们尝试实现既定目标时，典型且独特的人际互动和情感。

支持"安全治疗疾病"目标的一些互动和情感包括：

- 记得每天按时吃药
- 对取得进展充满信心
- 偶尔去咨询医疗专家

支持"了解治疗计划"目标的一些互动和情感包括：

- 阅读通俗易懂的治疗计划。
- 与其他人讨论复杂的问题。
- 随时把握状况。

接下来，想一个与医疗保健无关但类似的情境。其他哪种情境能满足所有这些特质？

- 记住每天做某事。
- 对取得进展充满信心。
- 偶尔咨询专业人士。
- 了解通俗易懂的（状况）。
- 与其他人讨论复杂的问题。
- 随时把握状况。

很多情境都是类似的——从园艺，注册高级 MBA 课程到马拉松训练。所有这些情境都需要日常互动，过程漫长并且进展缓慢，需要不那么频繁但定期的专业互动，有很多可以用通俗易懂的语言描述的术语，并且要求一种掌控全局的感觉。

就拿马拉松训练为例。现在开始描述这整个过程。绘制它的时间线，并描述人们训练时使用的主要工件。例如，人们佩戴设备来跟踪他们一天中的身体情况。日程表帮助教练准备课程和提醒人们训练计划。人们加入团体，以获得鼓励和帮助。人们阅读刊载了和他们一样的人取得成功的励志故事的杂志。

所有这些工件都促使了你在保健领域开发新产品，为你新产品的潜在功能提供了落地方案。想想日程表、群组、杂志和设备这些想法，并思考为什么它们在类似的情况下是如此有效。然后，借鉴这些想法并在新的情景中赋予产品新的用途。这种观察类似情况的方法是有效的，因为你的大脑具有跨模式类比的能力。根据认知科学家侯世达所说，类比是所有人类思维的核心，是帮助我们了解周围世界的"结缔组织"。为了利用丰富的类比，你需要有一个广阔的世界观。有它，你才联想到了马拉松训练或园艺。所以，除了激发动力的技术以外，想一想如何更广泛地拓宽你文化和社会方面的视野。这可能就需要你阅读与软件、初创企业或产品没有任何关系的文章，以及参加那些远离舒适区两倍乃至三倍的会议。

在本章中，你学习了如何建立和组织情感价值主张，以推动侧重于情感而非效用的产品愿景。你还学习了如何开发产品立场，给予产品特定的声音，以及如何利用类似的情况让经验获得大幅度提升。在下一章中，你将学习如何用产品细节补充战略愿景的细节，使你的产品个性鲜活起来。

# 对话 RUWT 创始人：如何快速判断产品决策

## 关于产品决策中的限制

马克·菲利普是 Are You Watching This?! 的首席执行官，这是一家位于得克萨斯州奥斯汀市的精彩体育赛事分析公司。RUWT?!（Are You Watching This?! 的英文简写）使用算法来及时发现激动人心的体育赛事，无论是棒球无安打赛局、足球点球，还是 T20 板球中的大反超。这家 B2B 公司向全世界的体育和媒体公司提供数据授权，以支持移动应用程序、数字广告牌或摩天大楼楼顶的霓虹灯。

出生于布鲁克林，从麻省理工学院退学的菲利普沉迷于利用技术把人们从设备中解放出来。在创建 RUWT?! 之前，菲利普的职业生涯辗转于企业软件咨询和广告公司，与大品牌如百思买、波音、大通银行、福特欧洲分公司、迪尔公司、邮购公司 Lands'End 和丰田等合作过。

🔊 **马克，跟我说说你和你的公司。**

Are You Watching This?! 就好像用数据在你的肩膀上拍了一下，提醒你是时候该冲向沙发了：我们搜索激动人心的体育赛事，并通知你，让你及时看到。我们向福克斯广播、哥伦比亚广播和澳大利亚电信这样的大公司提供支持。当精彩的体育赛事开始时，他们可以做很多事情，包括在应用程序中发送通知，触发自动录制功能，或发送消息到路边的大型广告牌。

我们应用软件的核心是对体育赛事激烈程度评估。我们有零到无穷大的数值。零代表着最无聊的比赛。一旦数值达到 300 左右，就是很特别的比赛了。数值有 4 个层级。275 以上就是史诗级了。史诗级就是类似第八局无安打的比赛。这是第二天工作时被热烈讨论的赛事。

评估数字会上下浮动，这是我们销售的核心。我们的应用软件可以支持自动录制、广告牌提醒和其他大型公共组织的活动。例如，我们让一个酒店的霓虹灯显示比赛的比分。

我基本上是一个人做了七年零两个月。也曾有几个承包商，但公司是我的宝贝和我的愿景。我有一个主要竞争对手叫作 Thuuz，我们之间的区别很有意思。Thuuz 有 15 名员工和 500 万美元的创立资金。我是一个人经营，资金来源主要靠刷信用卡。其实，今年有所赢利。我的信用卡积分相比几年前的 0，提升了 115 点。十年后，就会有 MBA 案例研究拿 Are You Watching This?! 与 Thuuz 进行比较。这是先驱者与后进者、B2B 与 B2C 之间的较量。很多我考虑要做的决定 Thuuz 已经做了，并且还有资金支持，虽然这个资助我并不想要。Thuuz 公司与我的 RUWT?! 是平行公司，我们做着同样的事，但方式完全不同。看到一家截然不同的公司有时做出我预测的决定，是挺有趣的一件事。

🔊 **所以，很多时候，你怀揣着互联网梦想——孤独的创始人，自己闯出一条路。单打独斗是怎样的体验？**

完全掌控公司的愿景，没有人能管我，这对我来说既是幸运也是不幸。所以有时我会犯很明显的错误。迄今为止我所犯的最大错误就是，当 iOS 刚出来时，我没有攻克它。苹果在 App Store 之前，有一个网上应用商店可以发布网络应用程序。Are You Watching This?! 是里面首批特色体育应用程序之一。但是当 OC 编程语言被引入，可以用来构建本地应用程序时，我没有跟上步伐。我不得不买一台 Mac，买完我就没钱了，而且也不想学习一种全新的语言。如果当时有一个人跟我说，"不要犯傻——掌握这个很重要"，事情可能会变得完全不同。

我要做的大部分决定是关于花时间做什么。我花了很多时间在我的算法上。在篮球比赛中，如果打到平局，是很刺激的，如果相差两分，就少了一点刺激，如果相差四分，又少了一点刺激。我可以开发一种像这样线性工作的算法。但事实证明，比赛平局最令人兴奋这样典型的想法实际上是不准确的。相差一分的比赛比平局更加刺激。

所以总有更多的东西可以添加到算法里面，完美的软件永远不会存在。想要弄明白它，你得记在脑子里，边看比赛边思考，"这真的有道理吗？"让事情确定下来需要花一段时间。我喜欢一整天忙于算法和情景假设。但我做不到。所以总觉得事情只完成了 95%。

困难的部分是，一个人经营的情况下，如何在完善工艺和运营产品之间分配我的时间？许多第一阶段的企业家都想知道，"我的应用程序得有多好才能卖出去？"决定"做得足够好"是一回事。但是一旦做得过于好，就是最让我挣扎的地方，因为把它打磨完美可能需要数不清的时间。我不能只专注于一件事，因为还有其他的事情要做。

我们的客户澳大利亚电信是澳大利亚的一家大型电信公司，一年前就宣布要重塑品牌，并于 3 月推出了一个名为 SportsFan 的新品牌。所以它需要使用 Are You Watching This?! 的数据来对板球和橄榄球进行评估。与澳大利亚电信合作，使用全新的算法为全新的运动创建一个全新的应用程序，这个过程非常有趣。对我来说，为了理解我们正在构建什么，我仍要去学习许多产品管理的知识。

澳大利亚的体育运动全然不同。例如，赌博是合法的，并且无处不在。走进酒吧，你发现那里有政府经营的赌博点。甚至政府还会给予补贴。因此，我们正在把赌博赔率添加到应用程序中。我不得不学着去理解这样的思路。

每个地方的比赛节奏也有所不同。在美国，一年中有四分之一的日子里每天举行一百场体育赛事。去年 11 月 17 日，一天有 580 场比赛。但是在澳大利亚，只有星期五、星期六、星期日和星期一有比赛。星期二到星期四毫无动静，不需要再拍你肩膀提醒你冲向沙发。而周末更多是"运动模式"。了解客户对我来说是最困难的事情。但是一旦我做了,我就能够把终端用户群与澳大利亚电信的需求相结合,并通过 Are You Watching This?! 提供价值。这就是我理解的产品管理。尽管我不称它为"产品管理",而是"愿景"——这能取悦用户,让他们成为"回头客"。

### 🔊 如何达成这个愿景?

对许多人来说,这是一个分析的过程。但对我来说,这是直觉。人们问我,第一次创业时是否做过任何市场调查。我没有。我只是建了一个一直想做的网站。很多人会看到一个市场机会,并认为,"我可以这样子赚钱;我可以造一些东西;我可以做一个商业规划,这看起来有利可图。"这样的确可以做大事,但如果三四年之后没有成功的话,人们很容易失去动力。

我喜欢我做的事情。我整天都看体育节目,谈论数学。在四年半里我没有挣到一美元,没有一个客户。我能够从我不想做的事情转到我喜欢的事情上,尽量弱化我的缺点,充分发挥我的优势。我的愿景是直觉驱动的,因为我太喜欢运动了。我这辈子剩下的所有时间都可以只做与运动和科技相关的事情。

### 🔊 怎么理解"直觉驱动"?

这是关于理解你的用户,关于学习成为一名翻译。在这之前,我做过咨询，之所以擅长咨询，是因为我可以把极客语言翻译成英语。我很擅长识别一个人的痛点，这就是我买东西的方法，以及从技术上解决问题的途径。正是这一点让我享受工作，让我能提供我能做到最好的产品。这是一种知道如何以别人想要的方式教授新东西的能力。这是我能为别人做的事情。

许多体育迷会错过比赛。他们忘记了扬基队和小熊队正在打跨联盟比赛，而一个他们从来没有看过的频道正在直播这场比赛；他们不会把这些事都一一记住。但对于一年里的那几天，当洋基队正在莱利球场打球，并且有个频道正在直播，我们就想拍拍你的肩提醒你。体育节目的保质期最短，观众需要实时观看。那么我怎么能让这个体育迷更享受体育比赛呢？这不是看电视，或者在频道 A 和频道 B 之间切换的问题。而是要记住某个频道正在直播。体育迷对于他们的赛事只授权一个频道这一点非常执着。以这种方式集中起来的数据，让你能成为一名超级粉丝，而不是错过前一天精彩比赛的倒霉蛋。有了这个肩膀上的一拍，一个守门人或数字伙伴帮助，你可以更好地欣赏体育了。

我的女神之一凯西·西拉是一名程序员。她有几句话，我一直铭记于心，并时刻用来敦促自己。最棒的一句是，"问问你自己：怎样才能让用户每天都想踢你屁股？"

**◀╳ 这是一个伟大的目标，"让你的用户每天都想踢你屁股"。但似乎有点抽象。通常什么样的技能能使人做到？你是怎么做的？**

这是共情，关于教导和理解你的观众。体育领域对我来说更容易，因为我喜欢。如果你是一个产品经理，偶然进入一个你毫不了解的领域，第一个要做也是最难的部分就是找出你的用户。谁在使用它，为什么他们讨厌它当前的表现？

这就是要找出痛点和理解用户。然后你必须实际创造出东西来。如果前两步做得对，最后一部分很容易，除此之外你必须确保不把所有东西一股脑全扔给用户。你需要给人们分散的选择，而不是无限的选择。作为产品经理，限制是重要的。

产品经理不应该听从高级别用户。我喜欢的凯西·西拉的另一句名言是，"没有人像你一样好奇于你的产品"。人们会公开赞美那种铁杆粉丝专用的东西。但是像照片墙这样，虽然不是为了铁杆粉丝，但也运行得很好。这不是一个你刚刚花了 3 000 美元购买的尼康单反相机。稍微有点喜欢摄影的人，通过照片墙上的几个小按钮，也能突然变成摄影高手。只需按动几下，照片看起来就很像样了。这才是你获得巨大价值的地方。虽然我是一家 B2B 公司，我们的产品也能帮助大众用户。你构建的产品必须具有人群观念，如果你试图取悦所有人，最终都不会成功。如果你真的追求广泛的吸引力，那就关注钟形曲线的中间部分。想一下钟形曲线，其中 x 轴代表优点或技能，代表着用户想

要拥有多少控制力。y 轴代表人口。当你到达边缘时，没有很多人。但在中间，如果你可以大笔一挥，做得让那些人惊叹，你就会成功。

产品经理必须熟悉从输入到产生结果的流程。以有线电视为例。我想重新把它设计成，当你打开电视，不再会看到有一千个频道的节目播放指南。80％的人在电视上只看 8 个频道。所以不要显示一千个，立即告诉他三个有他爱看的节目的频道就行。我从来没有看过家庭频道和惊悚频道。但如果家庭频道放的是哈利·波特，我就会看。惊悚频道有时会播放詹姆斯·邦德的电影，我也喜欢。不要让我寻找节目，这些是产品决策。我们经常认为设计是画投影或圆角。但在你的所有选择中，设计都起着重要作用。这是一个完全不同的范例或交互方式。你正在从头开始创建新的东西，其中不断换台的基本交互与管理和呈现有价值的选项截然不同。

这是一种不同的期望。就像是不去视频租赁商店，而在网飞上观看视频。如果你可以用网飞得到生活中的一切东西，那么一切都是懂你的，并且你相信网飞真的懂你。如果这些建议真的对用户有用，用户会爱你的产品。比较一下百世达、网点这样有实体的租赁商和网飞的定位。百世达倒闭了，网飞还在。租赁商都有固定的实体店。如果产品不能像人类那样懂得学习和整合，你的产品就不会赢得目前已有的产品。关键是构建一个创造价值的产品。

一旦有了构建产品的总体想法，你必须进入用户的脑中，了解他们为什么讨厌现状。在体育运动方面，我习惯了固有的思维，并且热衷于这个话题。而好的产品经理能够为他们并不热爱的事情做到这一点。

### 🔊 这如何转化成为具体的产品决策？

说到 Are You Watching This?!，首先告诉我你的有线电视供应商是谁，你喜欢的运动是什么，以及多好的比赛能吸引你的注意。有一件事不用在意："如何筛选出最喜欢的球队？"我做出的产品决策是不去构建它。筛选很容易做到，但我没有这样做。这个决策塑造了网站的目标用户。我想要人们喜欢关于运动的一切。如果在凌晨 2 点有棒球，我希望他们会下床来观看比赛，我不希望他们只关注曾经喜欢的球队。我想要爱好广泛的体育迷。

像省略筛选最爱球队这样的决定，帮助打造了我最终的用户群。没有这样的决定，我的算法中会出现巨大的异常值。这一点我早就看到了。2007 年我在布法罗的一个广播谈话节目中推荐了我的产品，访谈结束后我们的网站不堪重负崩溃了。太多人进入网站，我都还没有做好准备。于是接下来几个月里，每次有布法罗军刀队的比赛和比尔队的比赛，网站就被撑爆了。后来这种现象逐渐消失，但那几次的经历依然是可怕的，因为它打破了算法。删减掉"最爱的球队"这个特征，实际上反而对产品和算法更好。我喜欢它为用户群所做的。

🔊 这是一个奇怪的矛盾：你说要与用户建立共情，所以你不准备给予
他们想要的。

在了解了用户想要什么以及它带来的后果之后，我意识到，我不想在
产品中添加那个功能。说"不"很重要，即使你知道说"好"会取悦
一大群用户。然而我能充分想象到这实际上会损害产品。如果你去找
一个汽车推销员，他给了你一本二十页的书，上面有他卖的每一辆车，
你会转身就走，你会说他懒惰，因为他让你做所有的工作。但不知何
故，我们可以在网络和应用程序中这样做。产品经理可以勇敢一点地
说："我们不会这样做的，我们不会给他们所有权力，我们会削减。"
一般来说这不那么容易做到，这是关于产品激进的做法。

限制是艰难的，管理也是艰难的，但如果你可以把这两点做得很好，
好事就会发生。关键是，花最少的钱得到最大的效果。一个应用程序
发布后，可以按照一个有趣的节奏来添加功能。什么时候添加哪些功
能，这既是艺术也是科学。

🔊 你会对想从事你这行的人说些什么？

无论你开始做什么，不要一个人做。你会缺乏全面的视角，你弄不清
楚什么是有价值的，什么没有价值。这很容易让你钻进一个死胡同，
构建出一些代码优雅但是没有人会用的东西。

练习让人们说话的能力，这很重要。我告诉那些不喜欢社交，总是很

害羞的开发人员去做一件事：努力通过电话吸引客户服务代表。这是完全自由的，你可以随时挂断。但如果你可以在电话里逗笑某人或者让他谈论他的一天，你就胜利了。这是一种让人们敞开心扉的能力。

你必须善于倾听，能够让人放下戒备，这是一种技能。不要表现的过于夸夸其谈。相反，问很多问题，要对别人感兴趣，而不是使自己有趣。当极客们去参加一个活动时，他们只想谈论他们正在做的很棒的东西。不要这样做，去问问别人正在做什么。如果你善于问好问题，就可以梳理出一些东西的痛点。可以问他们："你为什么做这个？你正在解决什么问题？"因为如果你见到某人，听他说话，再问他两个问题，然后给他一个他从来没有听说过的想法，你就占据了一个绝佳地位。听人们的阐述，梳理出痛点——不管多小，只要你能在此基础上创造出产品，你能做得更好。这是产品经理做事的关键。尽快理解问题，明确痛点，并在它基础上制定正确的解决方案。

# 05

简化核心功能，优化产品细节

乔打开交互设计师发来的电子邮件中的附件。这是一幅修改后的应用程序概念图，整个产品一目了然，细节也照顾得很到位。在浏览图纸时，乔就开始构想产品的 2.0 版本了，但他很快摇了摇头，回到现实。他们甚至还没有发布 1.0 版本，因此乔尽量不去想得太远。

　　他确信这个产品很强大。虽然它很小，只有三十个用户界面，两个主要流程，但是也行得通。它可以被做出来，而且不需要复杂的技术基础。然而乔担心的是，当前版本还没有包含足够的功能来提升产品价值。他不确定是不是说了太多的"这样会比较好"。看着开发日程表，他开始思考如何能够更快地开发出更多的功能。

## 为产品下定义

数字产品很难全面考虑，因为它们是无形的。将一款简单的软件应用程序与实体产品，比如椅子进行比较。你可以看见椅子，围着它走动，并判断它的尺寸；你可以生成物体轮廓的心理表征，并且将"椅子"的形象印刻在记忆中。你甚至可以坐上去，它能给你一种平衡和稳固的感觉。如果是一把旧椅子，而你刚更换了椅面，它依旧会看起来很新，然后你可以将它的形象映射到椅子的心理模型上。如果你是椅子的产品经理，你肯定可以在大脑中描绘出椅子的模样。即便闭上眼睛，你也可以形容出它所有的特征、造型和差异。

但是你不可能通过看或使用一款软件来了解它有多大，也没有一个好的标准来测量它的大小。你会去数代码的行数，界面的数量，甚至很难客观化的抽象功能吗？此外，许多应用程序包括旧代码和新代码，但通常没有明确的方法来判断数字"椅面"是否已被替换。精明的用户可能注意到不同界面的美术上的变化，但不会注意到大多数不一致的地方。更困难的，是在你的脑海中构思软件。尝试闭上你的眼睛，想一个简单的软件。你能描绘出它的样子吗？我不是指单个界面。你能想象自己使用软件的整个流程吗，就像想象围着椅子走那样？

作为产品所有者，你需要构建精确的产品心理模型。你必须了解尺寸、功能、代码和视觉上的变化。凭借着对产品的熟悉度和产品使用过程，慢慢地，你才能构建出大部分的心理模型。即使是小型产品，也很难在短时间内被掌握并且牢记，因此产品概念图成为处理产品复杂性的关键工具。

简单来说，概念图是对界面、功能、流程或用户的可视化抽象表达。它可以帮助你了解一个人如何使用你的产品来实现目标。你可以指出一系列步骤，并具体说明用户如何从一个阶段进行到另一个阶段。此外，你可以达成对范围、复杂性和一致性的权威理解。通过一目了然的概念图，你可以明确一系列特定的步骤是否稳定，用户是否可以轻松地从一个阶段进行到另一个阶段，以及一组功能是否如你所愿地实现了。

## 创建产品概念图

在某种程度上，大多数专业人士处在"营销"的位置上：说服心存疑虑的听众，让他相信产品对未来的愿景是美好且值得追求的；大多数专业人士重视口头上、有逻辑的论据，就好像最好的论据是最理性的。是否应该如此仍有争议，但在大多数组织中肯定不是这样，利益相关者常常是被对方的情感而非论据所打动。

当设计师展示他的产品时，通常会结合情感和叙事来直击听众的心灵，成功论证自己对未来的看法。概念图是一种说服和引导听众的方式，帮助他从新的（你的）角度看待这个世界，并为他提供一种途径来理解你的愿景。

### 第一步：列出名词和动词

产品概念图是一种展示产品概念组件之间关系的工具。通常，它在名词和动词、人或工件、流程或动作之间建立连接。创建概念图的第一步是确定名词和动词。想想你以前用来描述产品立场和情感价值主张的语句，并提取描述人、工件、系统、流程、动作和反应的词。将这些词分开列入表格，一列动词，一列名词。乔的列表可能如表 5-1 所示。

表 5-1　乔用来创建产品概念图的名词和动词列表

| 名词 | | 动词 |
|---|---|---|
| 手机 | 提醒 | 发送 |
| 短信 | 身体状态 | 接收 |
| 服务器 | 心理健康 | 跟踪 |
| 感受 | 情绪 | 识别 |
| 图表 | 图形 | 了解 |

### 第二步：根据情感价值对列表进行排序

批判地分析名词和动词的列表，并根据它们拥有或能为用户提供多少价值来确定词的优先级。给名词排序时，可以基于它们能帮助人们做什么，实现什么，感受和思考什么。给动词排序时，则可以根据哪些动作能最有效地推动有价值和期待的结果。

乔排序后的列表，见表 5-2。

表 5-2　乔排序过后的名词和动词

| 名词 | 动词 |
|---|---|
| 身体状态 | 了解 |

（续表）

| 名词 | 动词 |
|---|---|
| 心理健康 | 跟踪 |
| 感受 | 识别 |
| 情绪 | 发送 |
| 图表 | 接收 |
| 图形 | |
| 短信 | |
| 提醒 | |
| 服务器 | |
| 手机 | |

**第三步：在名词和动词的基础上搭建主要骨架，绘制产品概念图**

用前几个名词和前几个动词造一句话。可以添加新名词来支撑句子或添加新动词来使内容更清楚。乔的第一句话是："LiveWell 让人们能以一种简单的方法来跟踪自己的感受和识别日常生活中情绪与事件之间的关系，以此来帮助人们了解他们的身体状态和心理健康。"

在第四章中，乔创造了一种情感价值主张："使用 LiveWell 之后，人们会感觉到与他们的身体状态有更紧密的联系，并且能够更好地掌握他们的心理健康状况。"这是接下来的步骤，以稍加微妙和具体的方式来表述产品能帮助人们做什么。乔使用视觉语言把书面语句转换成图示形式，用圆圈代表名词，用线条连接动词，绘制出了这个句子（见图 5-1）。这张图就是乔的产品概念图的骨架，是整个系统的主心骨。

第四步：把缺失的名词和动词添加至图中

现在，添加短信、提醒、发送、接收等缺失的词。在现有图表上，确定名词放在哪儿最合理，并将它们添加到图中。乔再次将名词放在圆圈中，并使用线条来表示动作和动词的关系（参见图 5-2）。

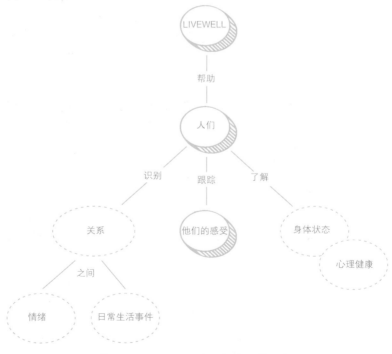

图 5-1　LiveWell 产品概念图第一版

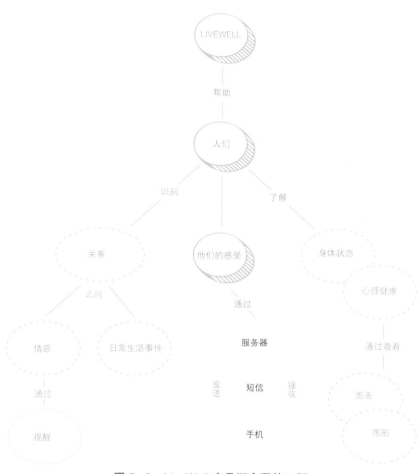

图 5-2 LiveWell 产品概念图第二版

## 使用产品概念图

创建概念图后，你可以在团队内部使用它来达成共识，帮助其他人看到你的产品愿景。这对你来说是一个非常有效的工具，因为是你做的。但是，当你第一次展示的时候，看它的人会觉得混乱。这是产品概念图可能功亏一篑的地方：这是专家盲点的表现。在创建概念图时，你学到了新的东西，以一种新的方式看世界。你可能会迫不及待地要展示完成的工件，来证明你的新愿景。但是观众并没有参与这个过程，所以不了解任何你知道的东西，看待世界的方式也与你不同。概念图在视觉上很复杂（你学到的东西也是如此），所以你的观众会被吓到。

从战略和社会角度出发，在几个月的时间内将产品概念图用于组织变革，帮助同事以同样的方式看待世界，继而实现控制公司发展轨迹的目标。

图 5-3 展示了乔最终的产品概念图。产品会很简单，但是概念图很复杂。它包含了各种重要的技术细节。虽然对乔来说完全不难理解，但对其他任何人都没有用。图中没有任何故事。因此乔需要做些解释，否则人们不会理解或使用它。

因此，乔可能从一张类似图 5-4 这样的概念图开始介绍。它看起来很简单，只有几个主要元素，但乔可以用来介绍他对世界的看法。他可能会用邮件发送给他的团队，或打印出来挂在办公室的墙上。

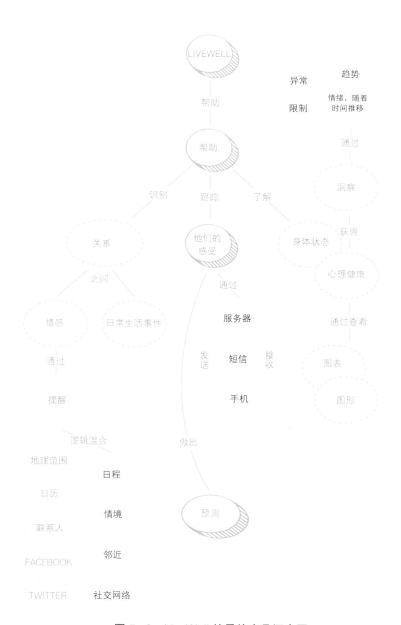

图 5-3　LiveWell 的最终产品概念图

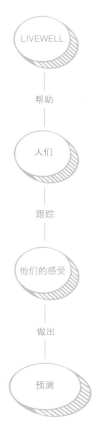

图 5-4　LiveWell 的简化产品概念图

　　然后，随着时间的推移，他可以将其替换成如图 5-5 所示的概念图。

　　接下来，他可以描述一些更为复杂的领域。几个星期后，他可以展示如图 5-6 所示的版本。

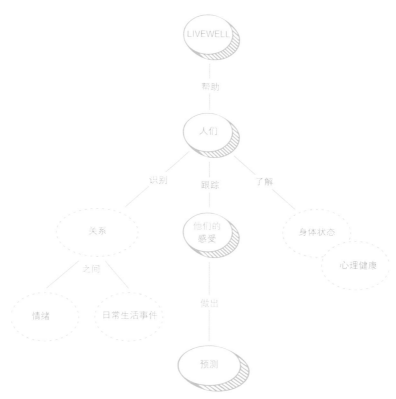

**图 5-5 LiveWell 带有附加项的简化产品概念图**

慢慢地，乔逐渐将概念图引入组织中，但没有发布与之相关的每一个阶段的公告，进行公开或者大批量地生产。首先，概念图不是一个完全成形的设计工件，只能通过一对一会议、演示和对话发布；随着时间的推移，它慢慢有了指导作用，因为它开始能表示一些东西。在乔的会话、愿景，甚至个人或整个业务部门的角色和职责中，图表开始占有一席之地。

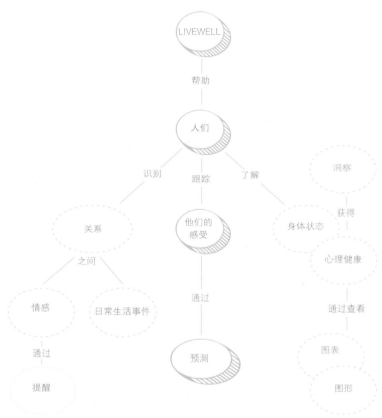

**图 5-6 LiveWell 带有更多附加项的简化产品概念图**

## 种瓜得瓜，种豆得豆

在大型组织中，你可以将以这种形式发布的产品概念图看作对组织架构的挑战。这是自下而上地进行高效变革，而不是以专制的方式。如果你使用这样的工件，相信有一天当你开会时，会有你不认识的，来自你从来没有涉足过的业务领域的人，展示你的图表。实际上，这就是对你的回报。这是一种奇妙的感觉：你的战略性的产品成果塑造了组织对话中的主旨。

有时候，你需要循序渐进地将概念图引入组织——花费几个星期甚至几个月的时间，直到所有不同的部门都接受它作为共同语言为止。随着时间的推移，概念图将成为组织语言的一部分，成为人们探讨未来的方式。这种引入新的设计语言的策略非常强大。通过设计这个媒介，可以循序渐进、有条不紊、有的放矢地进行组织变革。

休·杜伯里在旧金山经营一家咨询公司。他在工作中经常使用概念图来探索新的创意空间。杜伯里解释说："制作概念图包括理清创意，记录并回顾创意，然后与别人分享以获得他们的意见。在这个过程中，概念图是思考、沟通和达成共识的工具。概念图是介于两个学科或两种观点之间的桥梁。无论何时，当设计师、用户和其他人员需要考虑的不只是一个简单工件，还包括情境、竞争对手、系统、社群或生态、流程、决策或目标树形图，或者其他信息结构时，概念图都可以在设计过程中发挥作用，因为它可以表示和解释这些事情。"

对于杜伯里来说，概念图能用来理解创意，也能将这样的想法分享给别人。"当设计师面临棘手或复杂的问题时，创建一个概念图能很好地建立对情境的共同理解。同样地，概念图也是总结一项人群研究或者一系列个人访谈的有效方法。情境设置或结构定义概念图可以为设计过程中的后续步骤提供指导，为评价之后的草图或产品原型提供标准。"

## 画出主要流程

在产品开发的这个阶段，你的产品会让人感觉不完整。也许你会有一种整体感，如果闭上眼睛，可以"看到"成品，但实际呈现的产品仍然是虚幻的。要通过绘制它的主要路径，并描绘真实用户将看到和体验到的界面来固化产品。这些路径称为"主要流程"，因为它们显示了你希望用户如何穿行于系统之中。也有很多界面和路径没有在主要流程中表示出来，因为这些体验产品的方式是不理想的。

首先创建一个动词—名词活动对的列表，用它来表示用户可能用你的产品做的所有事情。沿着产品生命周期——从购买到丢弃，来进行全面思考。你可能会得到一个包含十个不同活动的列表（请参阅表 5-3 中乔的列表）。

表 5-3　动词—名词活动对

| 动词 | 名词 |
| --- | --- |
| 购买 | 应用程序 |
| 设置 | 产品 |
| 创建 | 账户 |
| 制定 | 目标 |
| 接收 | 短信 |
| 发送 | 短信 |

（续表）

| 动词 | 名词 |
|------|------|
| 查看 | 可视化进程 |
| 升级 | 账户 |
| 中止 | 账户 |
| 找回 | 密码 |

现在，标记出那些描述最常见、最理想和最相关的产品使用的活动对，并为这些活动表示的主要流程命名（参见表5-4）。

### 表5-4 为主要流程命名

| 动词 | 名词 | 主要流程名称 |
|------|------|--------------|
| 购买 | 应用程序 | 第一次使用 |
| 设置 | 产品 | 第一次使用 |
| 创建 | 账户 | 第一次使用 |
| 制定 | 目标 | 第一次使用 |
| 接收 | 短信 | 第一次使用，日常使用 |
| 发送 | 短信 | 日常使用 |
| 查看 | 可视化进程 | 日常使用 |
| 升级 | 账户 | |
| 中止 | 账户 | |
| 找回 | 密码 | |

乔确定了两个主要流程。第一个代表用户第一次使用产品。乔非常重视这一点，因为他意识到13%的消费者退回新的电子设备，是由于在初次使用时有挫败感。他希望用户有绝佳的初次体验，所以软件的上手和操作需要尽可能简单。

他还确定了描述日常使用的第二个主要流程。每次有用户使用时，产品都会变得更好，所以他希望确保能掌握一天内收发短信的核心过程，并构建一个美观的健康状况界面以显示目标的进展。

现在，成为一个讲故事的人，逐字逐句地讲述用户如何使用产品来完成你列出的活动。描述一个人行动的步骤，并假设过程中没有任何失败或中断。例如，如果用户需要登录，则描述他成功登录了，而不是忘记密码。如果用户需要付款，则描述他的信用卡是如何成功付款的，而不是超出了信用额度。不要担心这一过程中的特殊情况。此外，在使用技术时要务实而不失追求。描述那些在技术上有挑战又并非难以实现的情况。如果一些技术能够支撑你的故事情节，可以被加入进去，比如语音转文本的翻译或其他同样难以实现的方面。

## 第一次使用

玛丽访问了应用程序商店并点击安装了LiveWell健康跟踪器。应用程序下载完成后，她点击图标启动程序。出来一个界面，显示欢迎她，并要她确认从手机的操作系统中自动获取用户名。它还提示她输入电子邮件地址。她输入信息并点击下一步。界面告诉玛丽，LiveWell 会提醒她一整天的健康情况，她可以设置提醒的频率，但推荐每天五次。她用滑块快速地调整了。她点击下一步。系统询问她最后一个问题——从列表中选择一个目标，里面包括："缓解我的一般性焦虑""了解生活中让我焦虑的事""更好地了解我的生理活动""了解哪些人让我生气"和"了解我的身体状态"。她点击"了解生活中让我焦虑的事"，然后点击"完成"。

应用程序提示她设置已完成。然后她的手机震动起来，收到一条信息。点开来，上面说："你现在感觉如何？回复一个从 1 到 5 的数字，其中 5 代表非常好！"她输入 4 并按下"发送"。该应用程序出现一个大的绿色确认标记，然后弹出一条消息说："很高兴你有美好的一天。"

## 日常使用

晚上 8 点，玛丽坐在沙发上看电视。她的手机震动起来，收到一条 LiveWell 的提醒："有一分钟时间查看你的进度吗？"她点击"有"。

界面上的一张图表显示了她每月的情绪，有两个时段低于平均水平。她点击了"分析我的生活"按钮。应用程序解释说，她的情绪似乎在每周二下午 3 点左右开始下降。程序还表明，根据她的 iOS 日历，她每周二下午 2 点到 3 点会与特定的同事开会。有一周会议被取消，她的情绪并没有下降。

"有意思……"玛丽心想。

这两个主要流程充当了概念上的产品愿景和战略上的产品定义之间的桥梁。作为两段故事，它们描述了产品应该如何表现，应该具备什么功能，以及人们应该与之交互的方式，交互的节奏，甚至是定义好的产品立场。

既然你已经写好了故事，那就进一步把产品可视化，即绘制主要流程。你不需要创造艺术作品，甚至不需要使用软件来生成这些视图。相反，你只需要一支记号笔和一张纸，使用基本的几何形状和词来展示产品界面。主要流程中的每一步都单独画在一张纸上。（乔的初次使用流程可能如图 5-7 所示。）

当你在概念图情境中思考主要流程时，你就已经开始定义产品的整体和局部了。概念图可以为部件组合提供概念上的指导。主要流程展示的是用户如何穿行于系统之中，如何为了实现目标而与各类部件进行交互。与产品概念图一样，绘制主要流程草图是一个迭代的过程，你会做很多次修改直到最终准确地呈现。事实上，准确地画出来可能不是思考你的成果的最佳方式，因为你的成果很可能会随着过程的推进而改变。相反，要将这些流程和草图看作思维工件，用它们来将新想法概念化，去探索不同的路径，并考虑替代的选项。

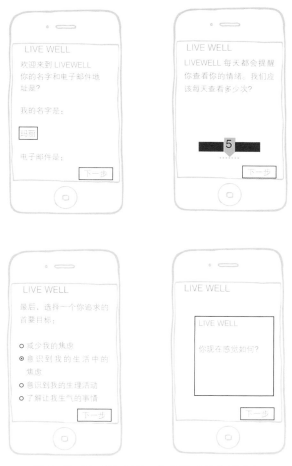

图 5-7　LiveWell 第一次使用时的主要流程

## 定义视觉情绪

我们关注了许多在人们使用产品时直接影响他们情感的事情。

像产品立场、情感价值主张，甚至系统的流程都有助于塑造产品的某种情感体验。但是情感设计中最显著和最复杂的难题是实际的审美：通过产品颜色、排版、构图、平衡、饱和度和图像传达出来的视觉情绪。你需要聘请一位视觉设计师来创造产品的审美，但是你可以通过定义一种视觉情绪来帮助明确审美的策略方向。重新审视你的产品立场和你所确定的情感需求。

回顾一下乔确定的这些情感需求：

> 我们的产品将以聊天式、自然的对话语言与用户交流。
>
> 我们的产品将预测负面的情绪反应，并提供方案来缓解这些反应。
>
> 我们的产品将帮助人们减少孤独感，增加亲密感。
>
> 我们的产品将始终对用户肯定。

思考一下与这些情感需求相关的情境、地点、物体和人。人们会在哪里自然地对话？肯定不会在教堂或市政厅；人们通常在他们的车上、沙发上，或公园里闲聊。孤独让人感觉黑暗，但是亲密却能带来阳光。肯定是微笑，而不是皱眉；是击掌庆贺，而不是抱膀子。消极的情绪反应像下雨天，但积极的情绪反应就像阳光笼罩的山顶。孤独像一个洞穴，亲密就像拥抱。

这种思维很大程度上依赖于隐喻和明喻。思考一下情绪特征是什么，你在哪里体会到过，或它们让你想到些什么。将你的想法做成表格（见表 5-5）。

### 表 5-5　视觉化情绪特质

| 我想体验的视觉情绪 | 我不想体验的视觉情绪 |
| --- | --- |
| 在汽车里、沙发上、公园里的闲聊 | 在教堂或市政厅的正式谈话 |
| 温暖的亲密 | 黑暗的孤独 |
| 微笑 | 皱眉 |
| 击掌 | 抱膀子 |
| 阳光笼罩的山顶 | 雨天 |
| 拥抱 | 洞穴 |

现在，将这些想法抽象为颜色、形状、纹理、材质、情感和模式。

### 表 5-6　情绪特征抽象化

| 我想体验的视觉情绪 | 这让我想起的颜色、形状、纹理、材料、情感和模式是…… |
| --- | --- |
| 在汽车里、沙发上、公园里的闲聊 | 柔和，布，简单 |
| 温暖的亲密 | 黄色，温暖，饱和，皮肤色调，泥土色调，光滑 |
| 微笑 | 温暖，直接，有吸引力，有生机 |
| 击掌 | 皮肤色调，联系，结合 |
| 阳光照耀的山顶 | 绿色，辽阔，聚光灯，强大，确定 |
| 拥抱 | 结合，温暖，包容，皮肤色调 |

现在，通过描述你所确定的颜色、形状、纹理、材料、情绪和模式来开发显示视觉情绪的可视板。在线搜索和这些特点相匹配的图像，并打印出来。翻看杂志，剪下让你有这些感觉的图片。把显示所有特质的可视板组合起来，并尝试把各元素均匀化。

你的视觉设计师将使用这些情绪板为产品开发初始的视觉设计。乔安妮·吴是青蛙设计的视觉设计师，对于如何使用情绪板来理清关于审美和情绪的模糊关系，她如此说道："我相信作为设计师，我们都自然而然认为自己在视觉上是敏感的。我们可以在脑海中画出一样东西，就像用语言描述它一样。然而不幸的是，大多数人都不是这样的。情绪板的作用是将我们头脑中的对话外化为真实和确定的东西，从而降低模糊性。它们只是一个能加速双人或多人对话的工具。"对于吴来说，情绪板设定了一个主基调，后续的对话就可以以此为基准，"一个好的情绪板总是从关键词或形容词开始。这些词在语言上定义了你视觉上感知到的东西。"

## 纵向迭代和横向转化

设计过程的其中两个最基本的原则是迭代和转化。它们有所不同，但互相关联。迭代是对现有设计做出有理有据的变化。这些变化可能由用户测试或评论引发，通常经过前一次迭代行为而产生。对完美的追求是无止境的（也让一些产品经理发疯）。设计软件或服务时，设计者会对设计想法有清晰的感觉，但通常不能将这些感觉的所有细节同时保留在头脑中。迭代则是一种能让他将这种感觉融入到工作中并克服记忆限制的过程。第一步是粗线条地把握想法的精华。对于设计服务来说，通常包括对于接触点、涉及的人、切换和一些关键细节的想法。在软件中，这就是我之前描述的主要路径：用户为了实现他的首要目标在界面间切换的路径。这种粗线条来源于想象力，瓶颈在于能否记住各种设计上的限制。

一旦这种粗线条被创造（绘制、框定、编码等等）出来，进一步的迭代就会把这个基本框架假定为事实。初步的迭代成为一种限制被确立下来。设计师可以打磨细枝末节，或回顾并调整想法的一些方面，但这个想法本身已经被固定了。这是有利的，因为它充当了一个引发创新的锚定点。但糟糕的是，你会感觉对它有所有权，不想放弃它，即使有一个更好的想法产生。每进一步的迭代都能巩固细节，这些细节慢慢变成自然而然的东西。在某种程度上，它们成为现实，于是你就很难构想出一款没有它们的产品。

转化是一种为设计探索增加客观性的方法，是对替代选项的探索。当迭代向前（或向后）推动一个想法时，是把想法水平变化，并且通常从设计意义上来说，不具备高效性，因为预期的结果是除了唯一一种可能，其他的都要被否定。但是转化可以激发假设情景分析。尝试用 A-B-C-Q 的方法来进行转化，即设定几个预期变量，改变一些细节（A 导致 B，B 导致 C），然后实现一个大胆或令人惊讶的跳跃（Q）。这些后来的 Q 忽略或特意摒弃限制、既定的先例或社会规范。基于这些跳跃，一些大胆的但令人兴奋的创新就会浮现出来。

斯考特·菲茨杰拉德说，"检验一流智力的标准，是能否在头脑中同时持有两种对立观点，还仍然拥有正常行事的能力。"虽然许多人发现很难在头脑中持有对立的观点，但他们发现如果在纸上或使用代码将它们可视化，再同时处理它们，这样就简单多了。

开发人员开始通过敏捷开发等方法来进行迭代。敏捷开发曾在网站开发的早期阶段被引入软件工程。这些方法是有效的，因为它们将设计出来（和开发出来）的工件看得不那么珍贵反而更具可塑造性。它们还有效地将转化引入开发过程，以便探索解决问题的多种途径。将开发周期分配给迭代和转化的探索是大有裨益的。这不是在浪费时间，而是真正的设计。

## 反复性探索和多样性探索

大卫·默克斯基是位于旧金山的风险设计工作室 Greenstart 的设计合伙人。在担任青蛙设计的执行创意总监时，他负责一家大型电信公司的一个为期多年的项目。该公司试图变革其构建和推出新产品和服务的方式。那时我在他的团队中，我们想出了一个工件，是一张巨幅海报，近三十英尺宽，十五英尺高，展示从单点解决方案（和相应的公司部门）到基于服务的"卓越共赢"架构的进展。我们将海报当面呈现给高管，现在它仍然挂在办公室的大厅里。人们在上班途中忍不住会去看它。

我问默克斯基为什么选择这种巨幅的半永久海报来展示产品战略和愿景，而不是用更普遍的媒介，像幻灯片或电子邮件。他说："语言赋予物品力量，但视觉模型赋予它们形式。模型是视觉交流的本质，因为它们是设计过程的所有参与者都可以朝向和围绕的中心工件；每个人都可以对正在讨论的抽象和复杂的想法建立具体的理解。"对他来说，这张巨幅海报就是一个复杂的商业战略的模型。通过把它挂在公共场所，他可以将人们吸引到战略愿景中，而不需要与每个经过的人交流。海报本身蕴含着关于战略发展的复杂思维。

默克斯基所描述的"让人们围绕着你的产品愿景"，是迄今为止所描述的整个产品设计过程中最重要的部分。现在你已经知道了如何开发一个概念图，一组主要流程，和展示你产品视觉情绪的情绪板。你可以与同事和利益相关者分享这些代表你愿景的工件，来帮助他们建立理解。

把工件打印出来，将它们放在办公室最明显、最中心的位置，如大厅或休息室。确保公司中的每个人都能看到它们，了解它们，并有机会针对它们提出问题。然后，就可以召开正式会议，碰巧遇到别人就可以跟他们讲解你的愿景。使用记号笔，迅速地修改，从而捕捉到从同事那里听到的新想法，并让他们看到你当着他们的面做出那些修改。

想办法将这些工件融入到会议、展示和电子邮件中。人们越常看见这些工件，就越会将它们作为制定和传达产品决策的基本方式。你与人交谈时，以这些工件为立足点；用其中一种工件来引导对话，并且始终都围绕着这个工件。给人们提供源文件，并鼓励他们在自己的工作中使用工件。更重要的是，鼓励他们根据自身的需要修改内容。

当你发现公司团结一致、齐头并进时，这就是愿景的意义所在和实现方式。你需要积极传播你的产品愿景，并吸引人们到这个愿景中。他们需要拥护这个想法，为此，他们必须感觉自己是它的创造者之一。

# 对话全球教育产品的思想领袖：
## 如何区分好产品和坏产品
### 关 于 产 品 管 理 的 职 业 生 涯

作为 MyEdu 的首席产品官，弗兰克·莱曼负责引领 MyEdu 的产品管理、设计、工程和营销的综合发展。莱曼是一位经验丰富的技术高管和思想领袖，二十年来，他在高等教育领域一直引领着创新。在约翰·威利父子出版公司，莱曼帮助创建了拥有全球数百万学生用户的互动平台——威利＋。莱曼也是领先的电子教科书平台 CourseSmart 的创始人之一。除了在出版公司和 CourseSmart 的领导角色，莱曼还在当纳利集团（RR Donnelleny）成功收购数字出版公司 LibreDigital 后担任 LibreDigital 的首席营销官，也是 1999 年上市的 LifeMinders 公司的 4 号员工和营销副总裁。

弗兰克·莱曼在 2014 年去世。他对教育界产生了巨大的积极影响，他的产品已被数百万学生使用。他既是一名伟大的导师，也是一位亲切的朋友。

🔊 **弗兰克，跟我说说你在 MyEdu 的角色。**

作为首席产品官，我负责将构建产品的所有方面整合在一起，包括研究、设计、产品管理、营销、工程。除了销售、财务和运营外，基本上涵盖了所有事情。

◀╳ **你如何看待产品管理？你怎样定义它？**

产品管理在组织中的功能，是将策划和成功开发产品所需的资源结合在一起，并加以实施。它不是产生所有想法或要求专门技能的地方，而是承担了推进公司目标的职责。产品经理会问，"我们如何用专业技能和在组织中的所知所学，来实际地构建产品和服务，以推进公司的目标？"这对于每个公司来说都是不同的。我在做教科书出版工作时，产品经理被称为"选稿编辑"；而在宝洁公司，我是一个品牌经理助理。这些都是关于产品管理的。

在宝洁，我们的品牌团队有大约四个助理品牌经理和一个品牌经理，并且树立了品牌的首要目标。我在旗下的第二大洗涤用品品牌 Cheer 工作，当时 Cheer 正试图与宝洁另一个品牌汰渍区别开来。我们需要保持高价，但我们必须制定一个不同的价值主张，那就是更长时间地维持衣物的色彩。每个助理品牌经理都有不同的策划要驱动，基于我们所理解的有助于品牌的东西。我主要负责为 Cheer 品牌库存产品修订定价策略。为此我必须对客户研究、销售研究和包装研究的数据进行分析。我必须把所有研究整合起来，形成一个计划，得到团队支持，然后实现它。每个助理产品经理都有类似的策划。

当时，我是和一些新汰渍的员工在一起工作。他们通过听取客户意见和观察市场上的竞争，构想出了汰渍漂白洗衣粉，卖得比当时的汰渍经典洗衣粉好。人们以前用的是 Oxyclean。这是一种能让白色衣物更白的双氧水溶液。品牌经理融合了科学、客户反馈、竞争环境、销售反馈、包装和品牌，形成了一个名为汰渍漂白的策划方案———一个价值数十亿美元的品牌。这就是一个优秀的产品经理所做的事。他们找寻机会，将必需的资源整合起来，来实现成功。

🔊 这是一条多变的路——从洗涤剂、教科书销售到教育软件。你在学校学过品牌管理吗？

没有，没有人真的学过。我是一名英语专业毕业的本科生，这对于产品经理来说极其有用，因为很多成功都与优秀的沟通能力有关。宝洁总是说"招聘那些能够吸引别人到愿景中来的人"，这是一种沟通上的挑战。你可以看见有些掌握复杂技术、有见地、有能力的人，却因为没人愿意追随他们而不成功的产品经理，原因在于他们不是有效的沟通者或合作者。

有些 MBA 项目关注市场营销，教授产品管理和核心营销原则。这些项目与产品管理有很多重叠部分。但我不知道是否有人上过产品管理的课程，或能否提供产品管理这个学位。到目前为止，它还没有成为一门学问。

当一个人没听说过产品经理或者没学过相关知识时，什么样的技能能说明这个人擅长这个岗位？

其中一个有趣的项目是在谷歌时参与的助理产品管理项目。谷歌寻找工程师中既富有洞察力又有领导力的人。谷歌会说："我们希望你成为助理产品经理，我们会按照这个岗位在谷歌里的定位对你进行培训，然后让你负责像是 Gmail 这样的工作。"该产品是由助理产品经理带领的。好的谷歌产品都是从这个项目中出来的。对于不同的公司来说，情况都不一样。

在我曾担任过选稿编辑的约翰·威利父子出版公司，很重要的一点是要确定销售人员不仅能够销售书籍，而且能和教授交谈，并说服他们写书。销售代表的其中一项工作是挖掘应该写书的教授。作为销售代表，我很擅长这一点。我的父亲是一名教授，因此我很喜欢学术，能适应大多数学者们千奇百怪的世界观，并且能表现成一名好学生的样子来和他们自然地交谈。我可以与他们建立关系，然后说"你应该考虑出本书"，并且讲点故事让他们振奋。在威利，我们的产品就是"可以写一本教科书的学者"。因此，擅长挖掘潜在作者的人能成为产品经理。

🔊 **你提到了一些技能包括领导力、想象力或个人魅力。你认为产品经理还应该具备其他什么技能？**

广泛的可信度信誉。拥有广泛的可信度是一门技术。你不想给人留下"只有广度，没有深度"的印象，但是你希望能够以有效的方式与技术专家进行交谈，否则人们就不会再来找你。

想想在像宝洁这样的消费品公司负责包装的人。包装是一门精确的科学；我在那里工作时，就对它很感兴趣。当时宝洁正在为北美自由贸易协定（NAFTA）做第一个三种语言产品，并希望在加拿大、墨西哥和美国设立库存单位。如何在一个包装上打上三种语言？这个问题让我很感兴趣；这是极具技术含量的。我很高兴能参与其中，并怀抱着很强的求知欲；这给了我广泛的可信度。同样的事情发生在 MyEdu。我和一个工程师讨论将一段数据从 SQL 转移到 Mongo，我不懂这个东西，但我愿意并且能够可靠地参与其中。这对于产品经理来说很关键。如果你毫无兴趣或者跟不上过程，你就会失去别人的信任。成为这些专业之间的黏合剂是很困难的。

🔊 似乎这个广泛的可信度与认识世界的视角有关，要对转变视角来不同地看待世界感兴趣。产品经理会从更好还是更差的视角开始呢？

不是的。我见过来自销售、工程，甚至质保领域的产品经理。交互设计也是个不错的背景领域，营销也是。你可以来自几乎任何行业。这更多是和你所在公司的职能有关。在谷歌这样的工程文化中，如果你来自工程背景可能更好。我的职业生涯发源地——普伦蒂斯霍尔出版社，是一家以销售图书为导向的公司，所以如果你在销售方面具有专业度会更好。

🔊 那么文科呢？你也看到了，几百万大学生削尖脑袋寻找工作，产品
　管理是对他们来说是不是可行的方向呢？

事实上，我知道我为 MyEdu 聘请的一位社交媒体专家就有这样的经
历。她凭借写作能力进入公司，现在她正在学习职业生涯早期中更常
用的技能：电子邮件营销和直接推销。她还在学习如何成功执行一个
想法。想法不值钱，它只是成为产品经理的要素。但如果说它一文不
值，就不是研究和开发了，只是开发。人们会根据你的执行能力评价
你。有了广泛的文科背景，你可以找到一份能深入发展并且获得专业
技能的工作。一些文科专业的人在职业生涯最后，也成为了技术专家，
他们能从事技术写作、广告或创意文案这样的工作。有时候，人们不
愿抛开他们一开始就擅长的东西，但有时人们也会意识到他们拥有更
广泛的技能，更有益于像是产品管理这样的行业。

🔊 我们一直泛泛地谈产品管理。你能告诉我一些具体的关于产品管理
　的事情吗？你能讲述一些现在看来是至关重要的产品决策吗？

我在 CourseSmart 时，我们最大的产品决策是如何处理产品的移动性。
CourseSmart 成功的一个因素是它拥有庞大的书名目录，因为它采用
了最小公分母法技术。每个出版商可以直接在 CourseSmart 平台中传
播其印刷书籍，因为我们研发了一项技术，叫作页面保真。我们将印
刷页面制成图像，上方覆盖一层 AJAX。这样的图像就像是 PDF，但它
是动态的。这项技术具备一定的数字版权管理水平，能让出版商安心。
所以我们拥有了一个包含上万本教科书，可以真正拓展的平台。苹果

公司当时刚刚推出了 iPhone 手机，并暗示为了未来的发展，他们迫切想要在其平台上添加更为丰富的教育内容。我的一些在苹果的朋友说："你们应该真的做一个应用程序。"

但是我们的产品在手机上运行是非常具有挑战性的。它是将一系列图像拼合在一起，显示在手机上时，就会缩小很多，很难阅读。然而我们不想做成可翻页的文本，像 Kindle 那样。主要有两个原因。首先，教科书讲究布局，因为有图表和表格。而且最重要的是，我们有数字版权管理的考虑。

因此，出版商对于发布在 iPhone 上颇有顾虑。他们对我们现有的平台很满意，并说："不要搞砸。"然而我很有信心。那时候，切格刚刚花了 600 万美元为 Textbook Renter 招揽学生，而我正在与 Textbook Renter 竞争。但我没有那么多钱，因此我需要利用一些新的东西。

我有一种强烈的预感，不出意外的话，在 iPhone 中的电子教科书将会是一个巨大的公关成功，并能提高知名度。它也会推动我们创新自己的平台，如果你只是一家合资公司就很难做到这样。我成功让 CourseSmart 的同事都赞同我的想法；即使有点冒险，我们还是在苹果手机上大显身手了。

苹果给了我们应用程序编程接口（API）和软件开发工具包（SDK）的

特别访问许可，还帮助我们做了一大堆东西。苹果让我们与一个可以完成这项工作的开发者对接，因为 iOS 应用开发仍处于初期。我们挤出预算并为 iPhone 创建了电子教科书。

我们对学生做了调研，了解到学生不会在 iPhone 上阅读长文本。他们想看的是单个的图表、图形或图片。他们会在去考试的路上，选中放大汇总表或图。这让我们相信学生确实想要这样子的电子书。我知道我们会得到很多抱怨，比如"没有人会读这个，太小了，看起来不像Stanza（这是当时过时了的 iPhone 电子书应用程序）"。但我们知道我们得到了学生的支持，因为他们想要这个，所以我们创建了这个产品。我们让苹果公司来支持我们的新闻发布会，并让《华尔街日报》开辟一栏商业头版来单独发表"出版商把教科书放进了 iPhone 里"的新闻。

它大获成功，让 CourseSmart 名声大噪，也促使我们在技术前沿不断创新。从入驻苹果手机开始，CourseSmart 现在已经是 HTML5 领域的领军企业。这件事不是我们董事会想做的，我们必须自己宣传给组织内部的人，获得他们的支持。而我们推出它并看到积极的报道后，所有人都表示热烈支持。

🔊 你说你获得了对一个重大的、广阔的战略产品决策的信念——入驻手机。你怎么知道这是一个好想法？

我在理性和情感之间来回切换。我的理性思维说"这是竞争对手在做的，数据也说用户想要"，而我的情感感觉是"这将是有影响力的，没有人说他们想要这个，也从没有人做过，但我相信它会产生影响"。通常，对我来说，好想法不是我想出来的，而是别人放在我办公桌上的。我只是有种迅速的反应，觉得会有影响。我没有做任何深入的分析，而是情感上倾向于这个想法。它一开始很小，我只是在情感上觉得这个功能能够做这样那样的事。其中还有一些来源于自信。有些人天生自信，但有些人的信心来源于他们长时间地从事一项工作。你必须有自信来做出那些小决定，并对你的决定过程有信心。不论是理性还是感性，你都必须做出决定，否则不会进步。

🔊 **这种"成为黏合剂"的想法，很大程度上是关于帮助每个人前进和做出决定的？**

是的，它是关于帮助每个人进步，并建立一种不用放弃重要想法也能改变小事的文化。神学家做不了好的产品经理。我合作过的一家公司的首席技术官是一位神学家，他会说，"事情是这样子做的"。但如果我们没有这样做，他也会妥协。我和另一家公司的一些人一起工作，他们是那种做敏捷开发实践的人。他们会说："在敏捷开发中不是这样做的。我们是做敏捷开发的。"我会说，"伙计们，今天我们能不能先这样把它做出来再说？"

如果你是神学家，你不会成为成功的产品经理。你会做很多妥协，包括向前推进、做出实际的折衷决策，或者与许多神学家合作。许多人达到了高层级的技术水平，并对他们的所做的实践和作品充满热情。产品经理必须与这些人合作。很多创意总监就是以此出名。作为产品经理，你就是那个必须弥合距离的人。

### 🔊 在你推进产品时，如果犯了错误，会怎样？

当你犯了一个产品错误，你会消耗人们对你的信任。如果团队成功的关键是每个人自愿遵循着某个人制定的路线，最终发现这个路线哪儿都去不了，你会折返，然后说，"这不是正确的路线"，你就是仅仅有那么多次机会而已。有些人更愿意承认自己的错误，然后做些弥补，让人们不再计较。你必须回过头来解释，"这是为什么我认为这是正确的道路，即使你们中的一些人不这么认为，但你们还是追随着我。这是我走错路所学到的。我不会说它不会再发生，但我不会再犯同样的错误。"

好的产品经理不会过激地看待他们的成功与失败。他们会说，"好了，我们做了，它成功了，或者它没有成功"。承认事情没有成功，和总想着为你做出的选择辩解以便看起来不那么糟，这两者之间有明显的区别。接受它，然后继续前进："我们花了 90 天还是没有成功，我尽量不再这样做。"这是一种替补投手的心态。你昨天被虐惨了，今天你将它抛诸脑后，卷土重来。

### 🔊 当你做出产品决策时，似乎总是关注来自市场工作人员和用户的数

据。你如何平衡定量数据和定性数据？

我特别忠实于模型。我们的一个产品经理根据我们商业智囊团使用的数据，在 MyEdu 上将顶尖学校及其概况组合成了一组小型的可视化页面。我在那个页面花 30 秒获得的洞察远远多于同一个数据源中的大堆数据所灌输给我的。我喜欢数据有一个模型，我喜欢花时间自己从数据中找出模型或和擅长于此的人一起找。

这就像时间的钟形曲线。一些看起来简单的东西可能很难让没有经历过的人们去理解、相信与支持。但另一方面，它的确又很简单。复杂的另一面就是简单。

在宝洁，即便是在 1997 年，我的桌面上也都放着国内每个零售商店的定价数据，这些统计学意义显著的样本，我可以运行回归检验很久。我整夜做 t 检验[①]，试图发现为什么 Cheer 的主要库存量单位的市场份额被低价品牌取代，而汰渍却没有。我沉浸在数据中。那是我第一次听到"分析瘫痪"这个词。我当时的老板告诉我这个词，并建议我去和做过杂货店定价研究的定性研究者谈谈。和他们交谈时，我得到了一个启发，打开了整个思路。

---

① 概率论和统计学概念，用于根据小样本来估计呈正态分布，且方差未知的总体均值。——编者注

那些研究者做过一个研究，记住，是在 1997 年。研究表明杂货店顾客纠结在一个 10 美元的价格点。他们有一种心理障碍——"我不想在杂货店花 10 美元买任何东西"。我认为 17 年后的今天，这个想法仍然存在。我们主要的库存量单位定价刚刚下降到 9.99 美元，汰渍也是如此。但是零售商自己给予了汰渍更多的折扣和优惠，所以汰渍的标价通常低于 9.99 美元，尽管两者的利润是一样的。零售商把汰渍的价格降到 8.99~9.99 美元，但他们并没有对 Cheer 这么做。我可以从数据中看到价格波动，但我没有看到消费者行为与价格点之间的联系。我有一大堆数据，却得不出什么结论，而突然，我从新的角度中发现了原因。

我们轻而易举地解决了这个问题。我们做了高面额优惠券，用另一种形式来应对这个 9.99 美元价格点带来的情绪影响。宝洁从来没有做过一美元的优惠券。我们获得了反馈："哇！一美元优惠"——对于优惠券来说这很多了。于是它生效了。我们弥补了该季度的销售差距，并且有效地获得了更多的利润。我们用另一种价格视角来对抗之前的价格视角。

关键在于，在复杂的数据中很难发现这个问题，我又必须努力梳理出来。但是我不知道该找什么，直到我从研究团队得到那个洞察。

### 🔊 所以这份工作有点像当侦探？

是的，我有一个朋友曾经说过我就像是当中情局特工。你获得所有数据，然后必须想办法拼凑在一起。谜题是什么？它是什么样子的？我会找时间自己处理，或尝试和正在做的人一起。这些复杂的数据不会在一开始就告诉我简单的解决方案，而是要经过彻夜分析，才最终呈现出来。

仍然有些人在分析中途给你提供这些数据，对你说："看看我发现的所有复杂问题。"但这没有用。事实上，重要的是你能用另一种方式产出什么。找到那些人，并与他们一起工作。我并不需要得到所有的洞察。尽管他们给出的陈述很简单，却是经过大量的分析才得出来的。与那些擅长挖掘简单洞察的人一起，我提高了做良好产品决策的能力。如果你有简单的洞察，就可以做出更好的产品决策。

🔊 **你认为设计师做出的产品决策与那些工程师或营销人员做出决策有什么差异？**

作为产品经理，我感兴趣的是整个共情设计理念。人们会告诉你，"我为用户设计，我花时间与用户在一起，我真的了解用户。"我在商学院有一个古怪的教授，他会说："商业中'喜欢'这个词我们用得不够。你喜欢与你一同工作的人吗？你喜欢你为之提供解决方案的客户吗？"那些善于这样做的人和最优秀的商业领袖，都能有这种感觉。

共情设计是一种思考如何构建产品的更加微妙的方法。它主张，"我愿意更深入了解用户，并真正产生共情"。这是一种设身处地的心理。

在宝洁，有一场很有意思的汇报。他们问我："你对印刷海报上的文案有什么看法？"我说，"哦，我喜欢它"。然后有人说，"我们都不关心你的想法，弗兰克，你一个星期洗多少次衣服？"我说，"一次？""好吧，四个孩子的妈妈一星期洗十次。我们不在乎你的想法，我们关心的是四个孩子的母亲如何想的，如果你不知道，就去找她们问一下。"就拿 Swiffer（速易洁）来说。当时出于一个理念——我们需要新产品、我们需要创新，它才被创造出来。因此，创新小组进行了家访。他们看着人们从烘干机上拿出一张 Bounty（帮庭）纸巾，把它粘在扫帚和拖把的底部，然后用它拖地板。因为纸巾有静电，会吸收灰尘。人们都在说去除硬木地板上每一粒灰尘有多重要。创新团队回来说，"这些人非常热衷于把硬木地板上的灰尘打扫干净。我们怎样能够帮助他们？"

我的看法是，真正的共情设计是伟大想法的立足点。产品经理都想参与伟大的想法，好的产品经理不想游走在边缘。拥抱人性造就了伟大的产品。不只是好产品，还有那些伟大、突破性、改变格局的产品。我认为某种程度上这应该由设计团队来实现。这并不容易做到，因为要做出这样的产品，不是一件快速、便宜，且每个人都喜欢的事。

# 06

推动产品发布

乔心烦意乱，他的团队承诺了一个发布日期，他努力在尽可能短的时间内做出尽可能多的东西。他甚至有了走捷径的念头，并不断提醒自己和同事落实细节和生产真正让他们自豪的产品有多重要。

他感觉团队中有人有些气馁。经过那么多个漫漫长夜，虽然乔对完整的系统有一个心理映像，但愿望和现实之间还是有很大的差距。他闭上眼睛，想着如何能更好地帮助每个人看到终点线，即便它是如此遥远。

## 建立产品的发展蓝图

你已经弄清楚将要构建什么产品，而且创建了一些工件，诸如产品概念图、主要流程和情绪板，用来帮助人们理解和相信产品故事。你还得让人们相信第二个故事：你打算怎样把产品做出来和发布出去。作为产品经理，你要规划一个产品路线图。它是一种能提供关于能力和战略变化的前瞻性观点的视觉工件。你将使用它来管理和沟通复杂的产品决策，并且让人们看到如何用当前策略达成更大、更广泛的目标。你还将使用可视化的路线图建立共识，并就路线图中的产品展开对话，让它成为一种让他人相信未来愿景的方式。

产品路线图是一张水平时间表。你涵盖的时间长度取决于路线图的观众，但三到六个月的时间范围是比较现实的。如果你尝试预测六个月之后的事，你的叙事就开始听起来不那么可信了。特别对初创企业来说，在六个月里可能就会发生意外的流动性事件或者公司完全重新定向。虽然看起来类似于条状项目进度图，但产品路线图不是项目管理工具，因此它不适用于以每日或每小时的间隔来计划时间。你做不到在那样的细节水平上跟踪事情的发展。事实上，路线图是以粗线条讲述产品是如何随着时间的推移而发布的。

路线图上的主要组成部分是能力块。每一块代表一次构建工作，以抽象的形式表示开发活动。模块通常为矩形，其中矩形的宽度表示开发工作将花费的时间。

通常，产品路线图都有水平的泳道图，描述哪一个团队负责某个开发活动。如果你只有几个人写代码，那么每个泳道可能只有一个人。如果你有几组开发人员组织成了几个敏捷的开发团队，每个泳道可能是一个团队。如果你有一家大型组织，每个泳道可能是一整个业务单元。

路线图的最后一块是最重要的，也是最难进行可视化的。随着功能在模块中被开发出来，所有模块可以实现更大的业务和用户目标。产品路线图应该显示的一个功能是如何与目标相联系，并应该在视觉上将这些点连接起来，以此来表示按照一定顺序构建某些部分的战略重要性。

## 首先要构建能力列表

分阶段构建产品路线图。首先，想想你的产品最完整的状态，包括所有的装饰，把产品所有的功能都列出来。以主要流程中的名词—动词配对为出发点，加以扩展，列出人们将使用系统做什么以及系统自己会做什么。这是你的功能列表。

回忆乔的洞察陈述：人们通常都会意识到他们工作中的压力，但没有特别注意在任何特定时刻或日子的压力。只有在来不及应对压力时，他们才感受到压力带来的不断积累的情感负担。应该有一种方式能让人们看到他们的日常压力变化，以便他们可以不断地调整自己的行为。

基于洞察陈述，他做了一系列的产品设计工件，然后他就可以创建一个类似以下这样的功能列表了：

- 发送信息
- 接收信息
- 从 Nike + 中提取运动数据

- 从 Fitbit 中提取运动数据
- 从脸谱网上提取社交数据
- 从推特上提取社交数据
- 创建洞察的可视图

除了这些直接驱动用户价值的功能外，还有一系列重要的维护能力，如：

- 注册
- 登录和身份验证
- 交易和电子商务（信用卡处理）

这些是维护功能，因为它们不需要创新，甚至不需要创造性思维，但你需要在绘制路线图时考虑它们，因为它们也需要花费开发资源和时间。

### 忽略时间

先绘制路线图的初稿。将一张大纸横放，水平地画一条时间线，但不标记时间单位。先采用通用的时间分段。使用便利贴来表示每个功能，这样就能在路线图上移动它们。当所有功能都落实之后，在终点贴一张便利贴，将其标记为"版本 1.0"，并在下面写"已实现的整个功能列表"。暂时先将便利贴全部贴在路线图的右侧。

　　水平地画几条线，用来表示可以利用的工程资源的泳道。如果公司有三个开发人员在你的团队工作，就画三行。除非你直接负责管理开发人员，否则不要在行上添加名字，因为资源分配可能不是由你决定的。你将与工程领导一起确定之后谁做什么。现在，只要确定你手中有多少人可以同步工作。

　　现在，把列表中的每个功能都写在一张单独的便利贴上，并把每张便利贴按顺序和类别合理地贴在路线图上。例如，按照逻辑，给系统创建发送消息功能的开发者也应该创建接收消息的功能，因此这些功能可以在同一行上被分在一起。这些功能是不同的，因此需要考虑先后顺序，一个一个排列好。

　　管理路线图的艺术和科学之处在于将功能看作分散的模块，将其与其他类似模块归在一起，并且按照相对的优先级进行排序。在你审查每个功能时，将其与你的价值主张进行比较，问自己："没有这种功能，价值主张能实现吗？"如果答案是肯定的，将功能便利贴移到右边。如果答案是否定的，则移到左边。左边的项目优先级更高，所以应先一步落实。乔的路线图草图如图6-1所示。

　　在路线图上添加时间

　　现在到了困难的部分：让其他人理解你的路线图，并与这些人一起向其中添加时间。在非正式的一对一会议中，你把没有时间标示的路线图展示给各开发人员和工程师。现在，要让实际编写代码的人员参与进来，而不仅仅是经理或团队领导。展示路线图草图，请求他们帮助和给予反馈。在你介绍一个个功能时，他们会提出问题并要求说明。你可以使用你开发的其他工件来回答这些问题。与他们一起浏览一遍主要流程框架，然后展示产品概念图，跟他们讲述你要构建的产品将如何为人们提供深刻情感价值的故事，并了解他们如何看待这个故事。

| | | | | 版本 1.0 实现的整个 功能列表 |
| --- | --- | --- | --- | --- |
| 资源 1 | 发送信息 | 接收信息 | | |
| 资源 2 | 从推特上提取社交数据 | 从脸谱网上提取社交数据 | 从 Fitbit 中提取运动数据 | 从 Nike+ 中提取运动数据 |
| 资源 3 | 登录和身份验证 | 创建洞察的可视图 | 交易 / 电子商务 | |

**图 6-1 乔的路线图草图**

你询问一下你的优先级和顺序设置是否合理，并对你所做的排序进行解释。如果他们建议改变顺序，记住他们的建议并考虑重新排序。实际操作的人需要理解和尊重你所做的路线图决策，而他们尊重它的最好方式是为它做贡献。考虑当着他们的面对路线图进行修改，这样他们能亲眼看到你重视他们的看法和建议。

现在，让他们尽可能通过预估来给路线图添加时间。你不能相信他们的猜测，这些猜测可能会太过离谱。在这个阶段，你的目标是获得大致的预估——粗略了解你的团队对于某些时间点（通常是每月或每三个月）可能完成的工作是怎么想的。你需要观察团队成员的工作，将他们的进度与猜测做比较；然后，你就逐渐可以对团队实际开发新功能所需的时间有所把握。现在，你的目的是要有一个每个人都认同的计划——一个他们尊重、理解并愿意努力去实现的计划。在与工程部门讨论之后，乔的最终路线图如图 6-2 所示。

**图 6-2 乔的最终路线图**

路线图是一个"活"的文档：它永远不会真正地完成。它要适应不断变化的业务需求和不断发展的产品愿景，并且必须根据开发过程中的推迟或意外事件进行调整。你需要管理路线图的变化，以确保每个人都理解变化并相信变化。"管理路线图"并不意味着做出所有的决定。当你可以捕捉到每一个人的决定并清楚地展示出来时，你就是最成功的。你会不断使用路线图来做出战略性和技术性决策。

## 通过迭代将理想变为现实

直到现在你一直在描绘的都是理想的图景。你已经使用洞察来定义了具有情感吸引力的产品，并且也确定了一系列广泛的功能和互动，来帮助人们体验这种吸引力。当你第一次开始使用路线图并看到团队的进展时，你会意识到，实现愿景所需的时间可能比预期的长得多。在前面的例子中，实现"版本1.0"的所有功能需要将近六个月。你必须开始从理想转变到现实。常见的方法是减少功能或抄近道，但是你并不想这样做。然而，你可以假定每个功能都经历几个开发阶段。将单个功能分为不同的迭代阶段，并将这些阶段分散到各个时间段中。

乔可以开始让功能列表变得更加具体，以便分离出迭代阶段，并使每个功能块更短。

发送信息可以分解成更小的功能：

- 在一天内同时向所有用户发送信息
- 按照用户安排的日程，在不同时间发送信息

- 发送通用的硬编码信息
- 根据用户活动发送自定义信息

这四个功能现在可以分散在整个路线图中，这意味着乔可以实现"发送信息"的基本功能，而无须等待所有功能构建完成。你可以利用迭代来快速构建功能，而无须放弃路线图的时间跨度。你可以先粗略地描绘所有功能，然后再回过头来细化每个功能。

## 将功能翻译成故事

路线图上每个便利贴都代表着各类生产活动，例如规划、创建图形资产、撰写文案、编程、测试和一系列其他活动。许多软件包可以帮助你组织所有这些生产活动。最重要的不是你所使用的工具，而是你能否提供有意义的结构来说明这些活动是怎么协同实现产品愿景的。你可以通过编写用户故事来建立结构。正如主要流程生动地描绘了人们如何使用产品来实现自己的目标，用户故事讲述的是一个特定的功能是如何从使用者的角度为他们工作的。把用户故事扩展到主要流程上，以便更详细地描述流程的每个步骤。这就是宽泛的设计决策转变成具体功能要求的地方。

回想一下，乔的一个主要流程是这样的：

界面上的一张图表显示了 LiveWell 用户玛丽的每月情

绪，其中有两个时段低于平均水平。她点击了"分析我的生活"的按钮，应用程序向她解释说，她的情绪似乎在每周二下午3点左右下降。程序还表明，根据她的iOS日历，她每周二下午2点到3点会与特定的同事开会。有一周会议被取消，她的情绪并没有下降。"有意思……"玛丽心想。

记住，乔有一个单独的功能叫作：

创建洞察的可视图。

乔可以把主要流程和功能组合起来，编写以下这些用户故事：

- 用户应该能够查看显示她各个时间段情绪状态的图表。x轴代表时间，y轴代表她的情绪反应（通过文本信息收集）。
- 用户应该能够要求系统分析图表。系统能够应用一系列算法来分析数据，以便识别趋势或异常。
- 用户应该能够轻松地识别情绪图表上特别高或特别低的时段。图表应该使用不同颜色突出显示高点或低点，使它们一目了然。
- 用户应该能够将情绪图表与她手机日历上的常规活动

进行直观比较。系统应该标明日历中的事件与图表上的高点、低点或异常值相重合的地方。用户应该能够点击这些地方，查看事件和情绪之间的联系。

请注意，这些故事可以充当功能和特点之间的桥梁。现在，设计师可以创建线框或视觉效果图来落实这个特点；文案可以写出用户将会看到的文本；市场营销可以做广告来突出这些功能；开发部门可以开始制定编程策略以支持这些特点。这些故事不能回答所有的问题，甚至在许多方面，故事引发了更多需要解决的问题。但是在每个阶段，从主要流程到功能再到用户故事，你都致力于回答"我们应该构建什么？"这些工具通过在空白画布上框定界限来回答这个问题，并且生成了一个总是以用户为中心的答案。

## 功能的优先级排序和管理未竟的好想法

一旦拥有了一个能够运行的产品，你将不可避免地产生无数改进和拓展它的想法。因为设计是多产的，相比于有可能付诸实践的，你更多的是拥有一些好的想法；你现在最大的限制很快就会成为你可以利用的工程能力。你需要将好想法列入表中，然后找到一种方法来定义和设计它们，并且准备好在工程资源可用时来构建它们。

这个列表就是你的产品待办事项列表。这是一个"有生命、会呼吸"的列表。随着你不断获取到新的产品使用的信息，这个列表会不断地发生改变。你要管理它，对想法进行优先级排序并移除不再相关的内容，还应该定期进行精简。我每天会回顾待办事项列表，并且每周空出一段时间来进行精简，我觉得这些是很有用的。

产品待办事项列表还有另一个目的。它成为功能建议去政治化的一种方式。公司的每个人都对你的产品有新的想法，虽然意图是好的，但是一些想法本身不好。它们可能不符合产品情感价值主张，或者可能与你确定的更大的行为目标相矛盾。于是你可能会试图挑战这些想法，并据理力争为什么应该或不应该采用它们。处理相左建议的更好方法，是将它们包含在产品待办列表中，但是将它们的优先级排在底部。当有人告诉你一个他认为很棒的新想法时，不要下判断，而是让他知道你已经将其添加到潜在产品功能的列表中了。他会觉得自己做出了贡献，你也可以向他显示你正在考虑他的想法。

广义上来说，确定想法的优先级顺序最有效的方法之一，是根据它们多大程度上能支持你的情感价值主张。列表应包括具体的运营活动、新特征或功能，或可能需要重写的旧代码。这些变化或许不会直接与你试图驱动的情感价值相一致，这没关系。更重要的是，你有了一个指引方向的北极星，可以用来过滤想法。当所有的开发活动都不再与这个北极星相一致时，你就需要重新调整你的工程，使之与目标一致。

## 公开跟踪用户价值

一旦现实中的人们开始使用你的产品，你就可以知道，有没有实现你自己的目标，即有没有履行你的情感价值主张。回忆一下，情感价值主张被定义为人们在使用或获取产品后能感觉到的之前没有感觉到的东西。一个情感价值成为你的目标，但你很难确定这个目标是否达成。你可以建立一些指标来帮助做出有根据的猜测，同时它们也可以作为价值的指标。

乔的情感价值主张被表述为：

> 使用 LiveWell 之后，人们会感觉与他们的身体状态有更紧密的联系，并感觉能更好地掌握他们的心理健康。

乔可以跟踪产品中的一些东西。例如，他可以跟踪主页访问人数、人们登录的次数或购买的人数。虽然所有这些指标都有商业价值，但没有一个是情感价值的指标。它们不能帮助乔了解人们是否感觉到与他们的身体状态有更紧密的联系或对他们的心理健康有更好的掌握。

乔没有跟踪这些典型的指标，而是创建了自己的体现情感价值的指标。首先，他跟踪了在第一个月后续订每月会员资格的用户比例。他称这是"快乐用户比例"。如果一个人支付一个月的服务，然后又支付另一个月的服务（不同于自动续费或定期付款），乔就知道该服务已经为他提供了价值，然后快乐用户比例也提高了。

乔还跟踪了一个独特的指标，他称之为"总体健康数"。产品为每个用户的整体健康情况打分，然后鼓励用户做出小的行为改变来慢慢地提高这个分数。根据用户成为网站成员的时间长短，乔取了所有用户分数的平均值，对整体进行跟踪。然后他就得出一个显示用户社群总体健康情况的数字。如果产品帮助人们更好地掌控他们的身体，数字也会随着时间的推移而增大。

乔需要了解这些数字，因为他可以用它们来衡量产品迭代是否成功。如果乔对产品做了一些变化而数字减小，乔就能得到提示——那样的产品变化是不成功的。然而，乔还需要积极地与团队成员分享这些数字，让他们也依靠相同的指标和价值。如果没有明确的方向，人们倾向于采用具体能力指标（工程师跟踪修理过的缺陷数量，或者营销人员跟踪产品销售量），但这些指标与使用产品的人没有任何关系。乔的指标是人们体验产品的结果。

当你为自己的产品创建这些指标时，请告诉大家如何统计数字。你需要花点时间来确定跟踪什么，并制定一个合理的方案来进行跟踪。一旦每个人都理解了这些指标，就把它们公开展示出来。把数字展示在办公室中间最显眼的位置。每周给团队成员发送一封电子邮件，描述这些数字如何受产品变化影响，如果数字增大，就给他们买点甜品或带大家出去喝一杯，以此来表示祝贺。

# 生成视觉设计文档

乔假装他没有感到头痛。昨晚的发布会获得巨大成功，但现在他有一个活生生的产品需要管理。超过一万人下载了应用程序，让他有了一堆珍贵的数据可以去挖掘。

他拉出分析仪表板，开始分析他的目标。现在去看人们是否对自动发送的信息做出了回应还为时尚早，但他能够感觉到有多少人设置了自己的报告临界值。结果看起来不错。他之前希望有50%的用户，但现在接近65%的早期使用者已经设置了自己的目标。这是一个好的开始。

突然，乔挺直坐起来。数据显示好像有大批用户放弃注册。他确定是哪里出现了一个漏洞。注册流程很简单，这些数字显然不合理。乔启动应用程序，假装自己是一名新用户。他尝试遗漏一个关键的信息，来看看系统如何处理表单验证。什么?!——这与他的团队设计的相去甚远。

## 关心很细小的事情

界面细节的开发过程是乏味的，特别是在流程的最后，跨浏览器兼容性或微小的界面误差问题开始出现时。在这时，你会自然而然地倾向于说"够好了"。团队已经很疲劳了，并且准备好看他们的成果发布了。

设计驱动的产品开发方法意味着关注人们在使用产品时遇到

的所有细节，因为这些细枝末节对人们的体验有很大的影响。这些细节包括美学、可用性问题、语言和内容、定价和信息等级问题。列表事无巨细，因此细节就很容易发生崩溃。有时，随着人们的注意力转向了新的功能和想法，这些细节会慢慢崩溃。而其他时候，它们会一次性崩溃，因为在产品发布之后，细节就不受管理了。如果你想让其他人关注细节，你自己必须关注它们。这没有捷径或技巧，由于细节数量众多，你需要时常投入到繁杂的工作中。

### 保留列表

当设计师向你展示一个带有虚拟文本的界面模型，或者开发人员演示了一些无法直观解析的代码时，请将详细信息添加到正在使用的书面列表中。然后，请务必在几天后回过头来询问文本或代码是如何完成的。通过你的产品打磨细节，当你记住并跟进后续工作时，就能给人们带来惊喜。

### 跟踪外观和可用性缺陷

在一个典型的漏洞跟踪系统中，外观缺陷被给予最低优先级（"哦，这只是装饰，所以我们可以最后来解决它"），可用性缺陷甚至不在列。然而，为了达成你的指标，外观问题可能像一段错误的代码一样关键。你可以通过剖析产品的可用性和外观问题，并将其列在与功能缺陷相当的优先级上，来提升开发团队对设计细节的重视（和尊重）程度。在描述缺陷时说明设定优先级的理由，因为这对于开发人员来说不是那么清楚。必须修复不能正常

运行的代码，其理由是显而易见的。而外观不协调是值得修复的
这一点，并不总是清楚的，特别是在开发资源有限的情况下。你
需要解释外观协调、视觉灵敏度和细节打磨是怎么影响用户信任
的，以及用户的信任为什么是产品成功的关键。

**生成相关设计文件**

只有一件事比写一份设计规范更糟糕，那就是阅读一份设计
规范。记录下每一个设计决策会让你和你的开发团队抓狂，而且
纯粹浪费时间，因为坐在开发人员旁边，通过对话，更容易搞定
界面上的设计细节。一些重要的具体设计细节的确需要记录下来，
但是五个轻量级和中量级的工件就可以完成这一工作，而不必诉
诸一整套规范：

1. 制作一个主要路径的气泡图，用来显示一个界面如何
过渡到下一个。这有助于开发人员制定常规路线，并帮助他
们理解数据必须如何穿过系统（见图6-3）。

图6-3　主要路径的气泡图

2.制作一系列高级线框图，描述用户会碰到的界面。这些可以帮助开发人员了解使用了哪些后台服务，并描述呈现出来的界面的复杂性（见图6-4）。

**图6-4　界面的高级线框图**

3. 为特定的关键交互制作详细的线框图，例如在每个页面上都有的控件（导航）、成功的基础控件（购物车）或非常复杂的控件（见图 6-5）。

图 6-5 关键界面的可视文件

4. 创建一个视觉设计文档（像素完美的文件），用来展示最重要的界面。通常，五到十个界面就足够帮助开发团队了解你想要的各种界面类型，并能提供充足的数据来开拓前端开发工作。给这些文档画红线，添加填充、边距、字体大小和其他视觉元素的明确规范，并将这些规范直接放在文件的上方（参见图 6-6）。

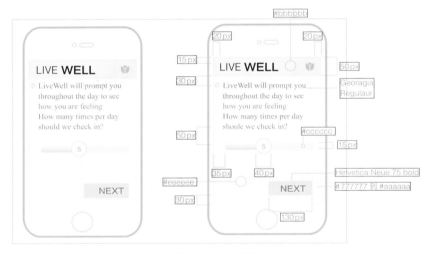

图 6-6 红线规范

5. 为每个标准平台组件和控件（即文本框、复选框、单选按钮）以及打算在整个产品中使用的所有非标准组件和控件制作视觉设计样张。给样张加上红线，就像你对视觉设计文档做的一样。然后让开发团队为整个样张编写代码，以便生成一套可供参考的标准控件（见图 6-7）。

图 6-7　带有组件和控件的视觉设计样张

## 教学和传播

学会查看和关注细节是一回事，让团队中的每个人都关注细节是另一回事。你的一部分工作是充当教师，教会你团队的其他成员以一种新的方式看待世界——细微差别组合成了更大的整体。

### 帮助开发者查看

开发人员通常被训练成从功能的角度来看世界。他们会注意事物的工作方式，但通常不会关注事物的样子。如果你试图达到一定水平的外观修饰、匹配和完成度，你可能会非常失望。你的开发人员可能无法注意到产品设计文件和 80% 相似的产品设计文件之间的任何差异。即使你准备了一份设计的标红版本，带有完整的像素数和字体大小规范，一些开发人员仍然不会意识到他们编码的版本只是接近规范。

你可以使用一个简单的技巧来帮助开发人员去学着发现近似的设计和像素完美的设计之间的差异。给他们成品截图，把你的设计文件透明度调至 50% 并覆盖在截图上面，以此来展示他们的成品和你的愿景之间的差异。向开发人员解释这种差异以及每个细节都很重要的原因。别人看到你所看到的还不够，他需要理解为什么你对世界的看法很重要，为什么这些外观细节很重要。如果你可以帮助他看到你有目的和有条不紊地做出外观设计决策，并且这些决策支持着一个更大的目标，他就会帮助你实现你的审美愿景。

### 做个榜样

要求每个人都达到高标准，而你自己没有达到，这是不公平的。如果你打算时常提醒别人更加注重细节，你也要迫使自己更加注重细节。放大你自己的成果，包括你的待办事项列表、需求定义、用户故事、线框图或任何其他工件，好好检查一下细节。

# 持续收集反馈，优化产品

除了极个别的例外，市场活动并不会自发产生。有人采取行动、发表评论或对事件做出反应来使它们发生。产品管理要求你在期待市场接纳你产品的过程中，采取主动的立场。虽然你控制不了其他人，更加控制不了市场，但你可以努力增加成功的机会。

问问你自己，可以采取什么行动来获得理想的结果。你希望在一本有影响力的科技杂志上有一篇关于你产品的文章吗？你可以等待记者自己发现你的产品，或者你可以让她知道产品的存在。你希望用户发现并使用发布的新功能吗？与其等他们偶然间发现，不如想想如何在产品内提供线索来引导他们发现。你担心你的团队没有像要求的那样高效运转吗？思考可以采取什么行动来激励他们加快进度。产品管理是一个考验意愿的角色。虽然你可能发现自己被动地应对着输入和活动，但你的角色其实是非常积极主动的。

## 使用工件缩短争论

在开发过程的每一个步骤中，人们对于做什么以及如何做的看法都会发生冲突。协同创造往往是一个高度情绪化的过程。当人们公开陈述一个新的想法时，会感觉暴露了自己。他们做了一个预测，并把自己的价值与未来的愿景绑在了一起。如果他们的想法得不到支持，他们可能会感觉自己在个人或专业上受到了轻视。他们对这个想法有所有权，而这所有权是一股强大的情感力量。

人们可能会因为支持一个想法而为之辩驳，即使有合理的论据反对它。因此言语争论可能是循环且无休止的。这样的争论非常浪费时间，因为在语言中我们很难捕捉到产品决策的细微差别或特征。词语对于捕捉产品决策来说可能不够丰富。你可能会发现自己正在和某人争辩同一个想法，这通常被称为暴力沟通。

你可以制作一些文件来避免对特征、功能和设计细节的无休止争论。文件可以是图表、草图或高保真设计工件。当你做出了一件文件，一个想法就变成了现实。这个文件会说，"我的意思是这样，而不是那样"，这是一种将意图形式化和减少歧义的方式。

在讨论或争论期间做出文件是一种建立共识和减少循环争论的好方法。在谈话结束后，这样的文件可以充当日志或提示，提醒大家普遍认可的想法。在会议结束后的一周或一个月后，你可以通过查看工件快速回顾整个争论；它将充当对话的代理。使用白板是一种简单的将口头对话转换成工件的方法。你可以训练自己和你的团队用一支马克笔，把对话转移到一个视觉媒介上。

## 通过社交化赋予想法生命

你的一部分职责是确保组织中每个人都知道公司正在做什么样的产品决策，以及为什么这样决策。康卡斯特的现任产品管理执行总监普雷斯顿·斯迈利，在 eBay 度过了大部分的职业生涯。他如此评论道：

目标始终是建立伙伴关系。你希望处在这样的情境中——运营人员理解你的重要性，你也理解他们的重要性。当运营感觉就像是把产品摆在那儿出售，或者以其他方式卖出，而做产品感觉像只需要在发布前几个星期把产品踢给运营，也不管产品运行得如何。这时候事情就不太对了。这些模式都不是很好。如果你能营造出一个环境让人们感觉被人倾听，他们就会给予回报。我在 eBay 看到过这种情况。我会跨出本职去和运营人员交流。你感觉像是一个外星人在他们的领地着陆。但是他们从来没有与产品或设计人员进行过深入的交谈，所有人都会很高兴这样做。

即使在一家小公司，也难以去跟踪发生的所有事情，缺乏产品定位可能导致物流问题或不满情绪。你可以积极地推广产品路线图，比如让它在全公司流通，描述对未来的憧憬，并征求对未来方向和变化的反馈和意见，以此来确保产品定位。当你分享产品路线图时，你需要了解每个人的动机和诱因，并直接和他们谈论这些。向人们说明你所做出的产品决策如何支持他们的目标。例如，如果你的销售团队以佣金作为奖励，你需要知道你所驱动的产品变化将如何帮助团队完成额外的销售额。只有在过程初期和销售团队待在一起，你才有可能知道这一点。

从根本上说，你的社交行为应该清楚地讲述你的产品变化如何支撑更大的商业故事或意图。你应该能够轻松地将正在制定的产品决策与公司的战略目标联系起来，最好的方法是将他们直接与情感价值主张联系起来。解释每个新功能、流程或产品变化如何帮助用户更好地感受到你希望他们感受的东西。

## 确定发布节奏

当你开始关心细节，就会发现完成事情需要更长的时间。你可能会试图只关注一组特征或一个新产品功能，不断润色直到完美。但是，临时版本的定期发布——每周一次，甚至每天几次检查和实时推送代码，使你能够快速进行更改。如果发现产品出现问题，你可以优先修改并在完成后立即推出，而不是只能等待更大的月度或季度发布周期。

最重要的是，定期发布意味着产品是灵活的，它可以根据人们的建议、想法或创新而改进。你的团队需要感觉到产品正在进步，理解定期发布产品有助于驱动积极的内部动力。从哲学上来说，日常发布能帮助你的团队声明对产品的情感所有权，并觉得有权对其进行更改。

## 激励工程师

除了支持灵活和持续的发布周期，你还可以向工程团队说明为什么要求他们构建你计划的各种产品变化，以此来帮助他们维持动力。一个简单的方法是在路线图中说明每个项目的依据，并清楚地描述它如何为用户提供额外的情感或实用价值。

　　此外，你还可以在路线图上为每个项目提供可衡量的成功指标，以此来激励工程师。在开发之前，帮助工程团队理解决定工作的成败因素是什么。你会跟踪什么行为？你将如何跟踪这种行为？哪些目标是需要用指标去衡量是否达成的？你可能觉得这些价值是直观或明显的，于是认为它们不值得测量。但是你的开发人员是高度分析型的，给他们提供一个明确的定量方法来进行跟踪，这样能帮助他们了解相关的工作，并判断是否成功。

## 从使用反馈数据中发现用户行为

　　一旦用户使用你的产品，你会惊讶地发现，看使用数据，试图了解用户在做什么，为什么这样做是件多么令人兴奋（并且常常令人困惑）的事情。你会有数百个或数千个数据分析点；在数据最丰富的情况下，你能够重新构建每个用户用产品所做的事情，但你可能没有时间这样做，因为这将耗费数千小时。

　　你可以利用使用数据来提示产品更新，但要有效利用分析时间。为此，将分析问题直接与情感价值主张和相应的成功指标相关联。回想一下，乔将快乐用户比例和整体健康数作为他要跟踪的两个指标。无论他公司使用什么样的分析包，他都需要花时间仔细地建立方法来跟踪这些指标，然后尽最大努力去抵抗测量其他东西的压力。测量是一个零和游戏，而额外多余的分析将会以浪费时间为代价。

　　尝试将一部分时间用于自由形式的分析——"玩数据"。每周一小时的"玩数据"就能帮你发现意想不到的模式或趋势，并给你机会偶然发现新的行为数据。

当你的数字开始发生变化或者变化不是你想的那样，你自然会想知道为什么。原因可能显而易见，比如你发布了一个新的功能，但也可能是隐蔽或难以分离出来的。它可以隐藏在最微小的界面细节中，极为简单的界面细节的变动可能会驱动巨大的产品变化。产品界曾经有关于"一个按钮的价值高达 3 亿美元"的传言，说明简单的界面变化可以使在线零售商收入大幅增加。但也不是你所有的设计决策都会有这么大的直接影响。而且微小的变化，如自动选择默认选项，或鼠标光标自动聚焦在第一个界面元素上，都会产生影响。当你的产品有很多流量时，你会开始目睹一个小变化如何放大为巨大的结果。

## 阅读每张支持票

将一些路线图专门用于启动帮助方案——一种允许用户以特定格式请求帮助的工具。然后阅读收到的每一条帮助请求。你会开始了解行为趋势，并发现可以凭借直觉了解产品更新如何影响产品使用。你可以利用这个用户支持过程中的反馈来推动新产品更新。但要小心谨慎，并忍住按照每一条评论去更改产品的冲动。你必须对每个要求进行判断，真正去了解它是否表现出了一个更大的产品问题。

## 庆祝胜利

据说，产品经理是在产品发布当天带甜甜圈来分发的人。好好庆祝团队的胜利，因为失去发展轨迹或目标是件很容易的事。如你所见，构建产品是项艰苦的工作，需要时间、奉献和激情。这个过程包含了所有的情感。为了提供承诺给用户的情感价值，你和你的团队需要深切关注产品。如果你这样做了，将不可避免地感觉到产品是你的一部分，是你存在的延伸。发布新品或达成重要的使用里程碑，都是值得庆祝、反思和自豪的。产品设计难，非常难。你应该对你的成就感到自豪，你的整个团队也应当如此。

# 对话移动社交产品先驱：如何延长产品的生命周期

## 关 于 发 展 产 品 和 业 务

艾利克斯·雷内特是 Foursquare（玩转四方）的产品负责人。他将十五年的产品开发经验和多学科背景运用到工作中，专注于移动、社交和新兴技术。此前，他与人联合创办了 Dodgeball（闪避球）——美国最初的移动社交服务之一，并于 2005 年 5 月卖给谷歌。他痴迷于设计、新兴技术、运动和食品。他还在个人网站上写过各种主题的博客文章。他是纽约人，目前与他的妻子、女儿和狗住在布鲁克林区。雷内特拥有纽约大学交互电信的硕士学位，以及三一学院的哲学学士学位。

🔊 **艾利克斯，跟我说说你在 Foursquare 的一些经历。**

我是 Foursquare 的产品负责人。产品包含产品管理、设计团队和平台团队。这三个团队与和品牌直接交互的外部人员关系都很亲密。无论是通过应用程序、网站还是 API（应用程序编程接口），产品就是将它们串联起来的线。

🔊 **能不能简要地说一下你是做什么的？什么是产品管理？**

我为人们搭建舞台，让他们尽情施展。这就像给予方向、提供反馈、解放他们，让他们与正确的人交谈，促进不同团队的创造力。

## 🔊 这是可以教授的东西吗？

你在做团队项目时，就会学到这些。当然，也可以在事务所学习。每次在为初创公司面试来自事务所的设计师时，我都能感觉到这一点。人必须经历一个大的转变。在事务所，工程技术处于边缘，但在初创公司，起着关键作用。我会说，"哦，我们想做这件事，但技术上实现不了"。人们来到公司，然后真实地构建出任何产品。其中的障碍是创造性思维。你不必担心如何构建，而是相信我们可以构建出来。这是一种不同的思维模式。长期在事务所工作的人在理解事物的广度上有一条无形的界线。

在团队中，人们扮演着不同的角色，在其中工作，你就会了解建立共识的动力和挑战，这是产品管理的一个重要部分。一些产品经理为此陷入挣扎。这不是关于让你的想法成真，而是让最好的想法成真。作为产品经理，你必须把自己从问题中抽离出来。有些人可能永远做不到这一点。其他人能随着时间的推移慢慢学会，然后说："嘿，虽然我会这样做，但我明白，其他所有人会以那样的方式做，所以我会放弃我的想法。"

这样团队真的会感激。当他们看到一个产品经理这样做时，他们就会明白自己在帮助团队做最好和最令人自豪的工作。他们的意见不会成为阻碍。

🔊 **你说的是妥协。听起来好像是产品管理的一个重要部分，对你来说是折中处理愿景。这与我们从首席执行官和其他产品专家，如史蒂夫·乔布斯那里听到的相反。你认为乔布斯是产品经理吗？**

不，他有他想要的方式，这就够了。这关于一个组织如何运行。如果你是那种类型的公司，与你一起工作的人必须对那种组织方式感到舒服。我见过一个设计团队有一个创意总监和十五个生产人员。那种方法对于很多人都有效，要是每个人都同意，那就太棒了。但是当你试图在中途转变时，就会遇到问题。人们可能会说："嘿，我以为我们是被雇来解决问题的，现在你只是告知我要构建什么。"这就是公司会出现问题的地方。

🔊 **你必须转向一种生产的思维模式，这可能是在发展过程中自然发生的。**

对，以及一种对你正在做的事情的共同理解。这关于你如何在公司发展期建立一个赋权和问责体系。我们有全部的团队，每周我们都会与设计主管们开会。他们说："这是我们目前正在做的，你觉得重要吗？"我们可以就它设置级别。他们拥有自己的路线图，但在过程中需要展开检验和建立平衡，让所有人都同意我们正在做最重要的事。

在我加入公司时，公司共有 12 个人。来这里之前，产品团队只有一位设计师和一位首席执行官——丹尼斯。最初，我做的是兼职，帮助产品管理或线框图以及任何要求的事情。大家都坐在桌子周围，人手一份路线图。在 Dodgeball，我们最明确的路线图是一个文本文件，或一些文本文件和白板的组合。现在，组织中有更多的层级，产品也更复杂。负责不同部分的不同团队需要同步。这些是你在公司只有 12 个人时不会遇到的问题。

后来我开始组建更加正式的产品团队。我有一名视觉设计师，又聘请了一名产品经理和一名用户体验设计师。我有了一个可以处理任何事情的核心团队。自那以后，我继续尝试复制这个模型：用户体验设计师、视觉设计师和产品经理共事的团队。随着公司规模的扩大，我能够给予每个团队更多的关注。一个负责商业工具，一个负责消费者应用程序。角色随着时间而变化，因为当每次规模都差不多增大一倍时，做任何事情的方式也都必须改变。你的合作方式、决策方式，都是非常脆弱的，特别是考虑到初创公司成长的速度。你必须灵活调整你的方式，并且坦然面对它会失败的事实，只要你学会如何让这种方式变得更好。

现在我们有 140 个人，我的很多工作是确保流程设计得当，以保证产品设计得当。我们有 85 名工程师，大约 15 人在产品团队。30% 的工程师来自谷歌，因此我们公司的工程文化很浓厚。从第一天起，我们就希望产品和工程团队携手并进。在一些组织中，产品团队向工程团队汇报。在其他公司，像 Zynga，产品经理是首席执行官；他决定构建什么，然后工程团队来执行。团队间的平衡对我们很重要。我们的工程副总裁哈里·海曼和我一直是同事。我们试图找出让团队一起合作的方法。随着公司越来越大，我们的挑战已经变成——当你有 150 个人时，如何制定路线图？如何在赋权和问责中找到平衡点？这是最难的问题，因为人们既想要北极星来指引他们需要构建什么，又不想被直接告知要构建什么。

这个其实是产品管理的魔法。当有 80 个人时，我们创建了小型的跨学科团队。每个团队都致力于公司试图解决的一个问题，例如让用户在服务中创造更多内容。我们希望，如果员工拥有构建和发布产品所需的资源，并有明确的关注领域，他们就有动力不断跟进过程，并能慢慢地致力于解决一系列问题。

这样做是为了避免产品一发布就忘记一些问题。当我们发布照片和评论之后，团队转向制作列表，然后是浏览器。与此同时，未来六个月内没有人对照片和评论做任何事情。因此，我们给这些团队一个明确的关注领域，目的在于让他们对正在从事的东西进行维护和持续改进。我们了解到，这样的结构对于迭代改进是非常棒的，但是我们需要在时间和空间上做出更大胆的设想，而不仅仅是数量上的增加。

在那三年半里，我们学到了很多，事情也发生了巨大的变化。我需要了解什么时候一些东西不起作用了，然后避免再次犯同样的错误。但是，你不可能不犯任何错误，特别是你正在以大多数初创企业那样的速度来发展。

🔊 初创企业的一个主题是"为了学习而犯错误"，你必须有几段失败的创业经历，这甚至可以作为可信度的标志。这真的是必要的吗？

你不一定要经历整个产品的失败。但是，你在困境里总能比在顺境里学到更多。推出产品时，科技新闻只会说些好话，这很有趣，但它不是产品工作的困境。你必须弄清楚如何将初创企业发展成一门生意，当你发现一些东西不起作用，必须深入其中找出原因，这样的产品工作才是困难的。你查看数据并做分析，你需要真正去挖掘用户做或不做某件事的原因。对于早期的初创公司来说，这是一件很难的事情，但你能从中获得成长。我们一直在与我们的一些基础设施做斗争。但是这几年来，我们已经进入了一个更好的数据分析阶段。我们聘请了一名用户体验研究员，这是一个在很多与产品有关的事情上双管齐下的办法。当公司六个月大时，我们还不用考虑这些事情。很多早期的公司把这些事情看作奢侈品。但当你意识到需要它们时，实际上早在六个月以前就需要了。

与有经验的人交谈也能很有收获。但是产业还很年轻，很难找到有共同经验的人。没有很多经历过整个过程的人。你怎么做出一款产品，再发展成初创企业，甚至是大型组织？很难找到人来分享这四大步骤的经验，尽管找到他们是非常有价值的。但是由此，你也很容易感觉到"哦，天哪，我们经历的难题是如此独特"。

### 🔊 产品组织在解决这些问题上发挥什么作用?

不论好坏,产品经理都是连接各方,推动项目向前的人。你需要与设计师、工程师、市场营销人员、业务开发人员合作。但同时,你也要处理所有这些领域中的挑战。即使在这些群体中,人们也有不同的需求。你有非常有产品意识的工程师,只需要有你想解决的问题的高级大纲,他们就会执行。也有人在开始构建之前需要一个产品规范。如果你给他们极端例子,他们就会搞砸它。对于产品经理来说,很大一部分职责是知道如何根据问题、个人和团队来调整方法。

除了设计方法,我还有其他方法来组织我的团队。在试图雇用其他产品经理的这三年里,我很难找到没有在谷歌当过助理产品经理的人。对我来说,找到谷歌擅长磨炼的强大分析能力的确很重要,但它不能以牺牲设计感觉和激情为代价。是的,我们解决的一些问题是算法驱动的问题,但在大多数情况下,我们有用户和社交产品方面的问题,所以我们需要对这一方面有了解的人。他们需要了解产品高度个性化的一面。对我来说,重要的是确保我所聘用的人拥有设计激情和直觉。他们不必真的去设计一些产品,但他们必须能说出为什么一些办法能比别的方法更好地为用户解决问题,并且理由不能只是与工程相关。

我的产品经理应该对我们试图解决的用户问题有最好的理解。你需要非常善于在开始解决问题之前,明确为什么我们在构建这个。能够阐明我们正在致力于追求什么,这是产品经理经过一段时间的磨炼之后应该具有的一项技能。他们能够在和与设计师一起工作之后说，"这是很棒，但出于原因 x、y、z，我认为它解决不了问题"。他们直接阐明，然后设计师可以吸取反馈，把它转变成别的东西。这不是像"那个按钮应该是蓝色，而不是红色"这样的建议；而是以询问"这是否能解决我们试图解决的问题？"的方式来给予反馈。产品经理必须能够预先提出问题，并让每个人都有一致的想法。如果没有对问题的共同理解，你真的可以为解决方案一直争辩下去。没有人是错的。所以在我们进行深入讨论之前，必须让组织了解我们都赞成这个方案。然后我们再来看设计方案，并套用在问题上。但是，如果我们只是看不同方面而没有明确框架，那么意见也只能是意见了。

### 🔊 你也在设计师事务所工作过，你的咨询背景是否对你的产品能力有帮助？

是的，在很多不同方面都有。在一家事务所工作的方式与在一家初创企业有很多相似之处，特别是在创意方面。你总是试图用现有的东西做更多的事情，这样发展起来总是非常快，好处是你不是仅仅把东西扔出了墙外，而是继续让事情变得更好。一旦你感觉自己和终端用户之间没有了隔膜，你就上瘾了。

我从事务所起步，后来做了初创企业，然后又回到事务所，现在又回到初创企业。两边都有具有吸引力的挑战。但现在，你发布产品之后，五分钟之内就会有人说，"这很烂"或"这真棒"。对于设计师来说，这就像是毒品。在事务所中，当你跟进一个项目时，你有创意总监、公司管理层和客户管理层；当你接触到用户的时候，一切就都不重要了。你制造了产品，发布了出来，而且往往你不会知道产品到底如何。

### 🔊 你怎么知道你现在做得怎么样？

我们有一个总在干活的用户体验研究员。用户研究可以是一个具体的特征研究或基础研究。她的研究汇报是目前一周里最有趣的汇报。聘请一个能担此重任的人花费了我们很长时间，但公司迫切需要。看到这么多人都想听她的研究成果真的很棒。

反馈越多越好，但也需要保持平衡。不是每一个反馈都是你做某件事所需要的。这可能很难。我们会在发布之前多次试用我们的产品，得到一个巨大的让人崩溃的谷歌反馈文档。找到适当的平衡很难，特别是在内部，因为我们想要每个人的反馈。但这并不意味着我们要对每一条反馈采取行动。设计师和产品经理对产品应该是什么样有他们自己的愿景。

当公司有 20 个人时，我们会一起开会并做出产品决策，但现在如果还这样，那就是疯了。随着公司的发展，发生的一个变化就是我们推出功能时，不是公司的每个人都会以这种方式设计功能。或者，他们甚至可能不想在产品中添加该功能。对于产品决策有明确的理由，并能够阐明它，这是很重要的。人们可能不会同意，或者他们不会自己做，但他们至少应该明白我们怎么到达这一步，理由是什么。随着公司越来越大，这些沟通技巧是必须要磨炼的。

 **在你公司的历程中，有没有哪个发展点突然让你觉得这是一个"大公司"？**

有时候，当花太多的时间来确保正确的人在说话，而不是只是有人在说时，就会有这种感觉。你不能理所当然地认为，办公室这一边的人知道办公室另外一边发生了什么。所以我们设置了一些制度。我们每周二召开公司会议；我开始让一两个产品团队介绍他们在过去几周里一直在做的最有趣的事情。

你可以给不同的团队发送邮件列表，但这需要跟进很多事情。如果有办法对正在进行的工作进行系统化的沟通，是超级有用的。我们借鉴了谷歌的一些做法。我们做每周简报；每周一发电子邮件给公司的每个人，问，"你上周做了什么，你这周要做什么？"每个人都会回复电子邮件，然后整理出概要在全公司公布。你可以订阅不同的人或组，以便快速获知团队的工作情况。不是每个人都要出席同一个会议，因为公司越来越大。而这个途径是一个很好的解决方法，所以你必须加以权衡。你不想跟进三个不同的电子邮件列表。突然，你发觉所有的时间都花在了沟通上。找到有效的途径来服务你的员工们，确保正确的人在发声。

🔊 **如何解决分析工程师和情感或共情设计师之间的沟通障碍？**

不同的公司都存在于一个频谱上。一端是苹果或 Path 等平台——推出的一切东西都经过深思熟虑的。这就是设计师主导产品。而在另一端，是用数据测试 41 种蓝色的谷歌。谷歌已经改变了很多，但仍然有"运行，修改，运行，修改"这样的态度。三四年前，谷歌曾是设计师的噩梦。脸谱网在中间。它试图遵循"快速前进和打破陈规"，也"做美好的事情"。你需要了解你想要的组织类型，而且不是一种类型就比另一种好。你需要与你想打造的公司类型相匹配，否则就是逆流前行。如果你有一些重设计的完美主义员工，你却把他们丢到另一边，事情可能会很难办。

重要的是确定哪个项目是你有兴趣深入下去的，因为除非已经有完美的成果，否则你没办法告诉用户你正努力构建什么。此外，确定哪些项目你会这样形容——"我们宁愿让这个东西只完成 80%，因为发布一个星期后，我们才会知道它是否值得花更多的时间"。磨炼出三头六臂的技能，来确定哪个项目将需要更多的预期设计时间。设计总归是一种有限的资源，所以你不会想把它浪费在不需要的东西上，而牺牲了真正需要设计的东西。我们总是试图找出哪些项目是不需要让设计师在 Photoshop 中花一个星期去设计，而只需与一个工程师在白板上讨论几个小时就能提出一些应用了设计思维的想法。关于这方面，我们一直在努力想要做得更好。

---

 **谷歌对不同的蓝度进行测试是一个让设计师发狂的典型例子。你曾经用过什么技巧来帮助同事理解直觉和研究价值？**

一旦你有 A/B 测试的能力，往往会太依赖它。在某些事情上是有好处的，但有些事情必须由直觉驱动。你就是知道有些事情会是一种不好的体验。是的，可能它会表现得好一点，但你真的觉得它是好的吗？

这个话题往往出现在与发展相关的活动中，比如用户转化。这种情况就是，你最终做出来的东西可能有用，但很可能只有短期效益。你可能会损害用户对产品的整体体验，从长远来看，这对你没有好处。你必须坦然接受短期的打击，因为你知道了什么是正确的。

你应该给设计师时间和空间来发现解决问题的三种不同方式。这需要很长的路要走。但是不经历这个过程，人们可能不一定会想到三种截然不同的解决方案。这样的想法和潜在解决方案可以很快产生。你可以快速画出十张草图来说明如何上传相片或其他内容。如果用工程的方法来做，就很难了。

在与设计团队创始人交流之后，我认为这可以归结为一个公司所重视的价值——你想要为你的产品做些什么，哪些是重要的，什么是让你自豪的。在以前，良好或周到的设计是一种区分手段。现在它是筹码。如果你期望你的用户每天或每周留出时间使用你的产品，它的设计就必须很好。

　　乔正坐在海滩上，喝着玛格丽特鸡尾酒。他在反思过去三年的经历和取得的成功。这是一段广阔的旅程。LiveWell 被普遍使用，并且激起广泛好评。公司也刚刚被一家大型连锁健身俱乐部收购。乔微笑着闭上眼睛。他迫不及待想要投入下一个项目了。

　　在本书中，你了解了设计过程。这个过程关注人，重视情感价值，并通过横向思维和发散性思维驱动乐观主义。你已经学会了要离开办公室，与人交流，用这样的研究方法来理解别人，建立共情。你还研究了如何把所见所听转化成洞察，作为产品创新的基石。你学会了如何讲述关于人们实现目标的故事，并使用你的洞察来构建故事框架。此外，你还学会了如何将情感价值陈述看作一颗北极星——一个你的团队可以围绕的目标。

　　当你将设计视为战略能力时，它就超越了表面的美感或形式。它成为一种思考问题和人的方式，以及为了使世界更具吸引力而克服复杂性和不确定性的方式。在未来，越来越多的工作将利用这种共情的过程来把握模糊性和驱动创造力。在本书中，我在数字产品产生的背景下介绍了这些方法，但它们在创造新的服务、政策、业务模式、战略和传递价值的途径方面同样有效。设计流程的广泛适用性使其具有强大的功能。我们都在变成产品经理，实现成功的最佳过程就是设计过程——一个基于共情的创造性过程。